U0902847

夢は薬
諦めは毒

我的美丽人生

北京联合出版公司
Beijing United Publishing Co.,Ltd.

[日]佐伯千津 著 张锦兰 译

图书在版编目（CIP）数据

我的美丽人生 / (日) 佐伯千津著；张锦兰译. —
北京：北京联合出版公司，2022.1
ISBN 978-7-5596-5283-6

Ⅰ. ①我… Ⅱ. ①佐… ②张… Ⅲ. ①人生哲学—通俗读物 Ⅳ. ①B821-49

中国版本图书馆CIP数据核字（2021）第083294号

北京市版权局著作权合同登记　图字：01-2021-2241

夢は薬 諦めは毒
By　佐伯チズ
Yumeha kusuri Akirameha doku
Copyright © 2020 by Chizu Saeki
Original Japanese edition published by Takarajimasha, Inc.
Chinese simplified character translation rights arranged with Takarajimasha, Inc.
Through Shinwon Agency Beijing Representative Office, Beijing.
Chinese simplified translation rights © 2022 by Beijing Sina Read Information Technology Co., Ltd.

我的美丽人生

作　　者：[日] 佐伯千津
译　　者：张锦兰
出 品 人：赵红仕
责任编辑：管　文
封面设计：尚燕平
内文排版：卡古鸟设计

北京联合出版公司出版
（北京市西城区德外大街 83 号楼 9 层　100088）
雅迪云印（天津）科技有限公司印刷　新华书店经销
字数110千字　880毫米 × 1230毫米　1/32　6.5印张
2022年1月第1版　2022年1月第1次印刷
ISBN 978-7-5596-5283-6
定价：59.80元

版权所有，侵权必究
未经许可，不得以任何方式复制或抄袭本书部分或全部内容
本书若有质量问题，请与本公司图书销售中心联系调换。电话：010-86226746

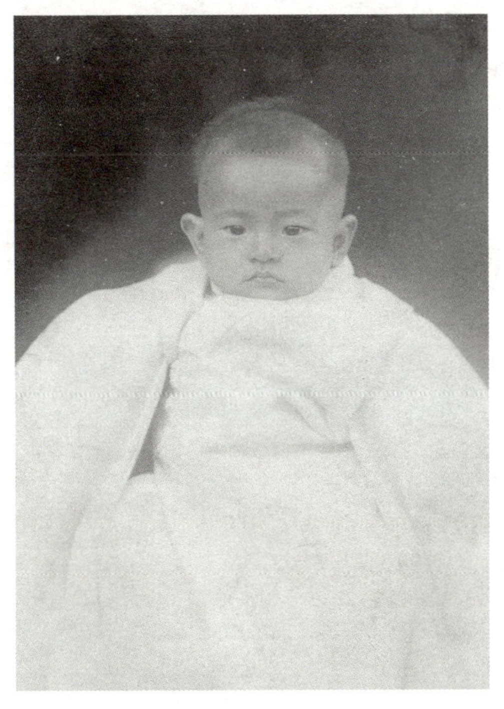

1943 年 6 月 23 日，佐伯千津出生于中国长春。

1945 年之后回到日本。

“她的美丽，不仅在于绝世的美貌，
还在于她的生活态度。”

少女时期，佐伯千津因为翻看母亲喜欢的电影杂志时看到了奥黛丽·赫本，被其美貌震撼，美容意识渐渐觉醒。“被奥黛丽·赫本的美貌惊艳到，这成为改变我一生的机缘。”她一路奋力打拼，进入东京美容界，开启美容事业。

“

通过不断达成小小的目标，世界就会一点点地敞开。

”

13岁

1956年，受奥黛丽·赫本的影响，上初一后，佐伯千津为了不再让自己晒黑，由垒球社团转入室内乒乓球社团。在那之前，她是一个能让男孩子自愧不如的调皮少女，会满不在乎地在烈日下跑来跑去，在那之后，她为了不晒黑，就再也不在外面疯玩了。

“为了实现‘我想做这个’‘我想成为这样的人’这些梦想，把所有能做的事情全做了一遍。”

20岁

1963 年，20 岁的佐伯千津在导师引荐下顺利进入知名美容学校东京牛山美容文化学园学习，开启了美容第一步。

结婚只不过是人生的一个过程，
绝不是终点。

24 岁时，与佐伯有教结婚。婚后随丈夫从东京回到大阪。佐伯千津自称属于对结婚没有太多实感的类型，但她内心非常明确要选的结婚对象是什么样的人。

24岁

“死亡并不是就此销声匿迹，是去见喜欢的人。”

41 岁

41 岁时，丈夫被查出肺癌，且仅剩三个月寿命，佐伯千津辞掉了在娇兰的工作，全心照顾丈夫。“在我 42 岁时，丈夫去世，我一下跌入了悲伤的谷底，直至丈夫一周年忌，那段时间我甚至不记得每日是如何度过的，活得如同行尸走肉一般。突然有一天，我如梦初醒。”

"

无论男女，凡是人缘好、工作能力强的人，以及受人敬重的人，都有个共通点，那就是勤快。

52岁

丈夫去世后，45 岁重回职场，入职迪奥，担任国际培训部经理的佐伯千津。“供职于娇兰、迪奥的经历让我体会到了美容的精妙之处，同时又让我感受到了化妆品行业发展的极限。也是在这个时期，我完成了佐伯式美容法的基础。”

“

虽然我的职业生涯充满了各种心酸、苦楚，但也多亏了能一直顺利干到退休，才让我迎来了人生的又一次黄金时期。

”

59岁

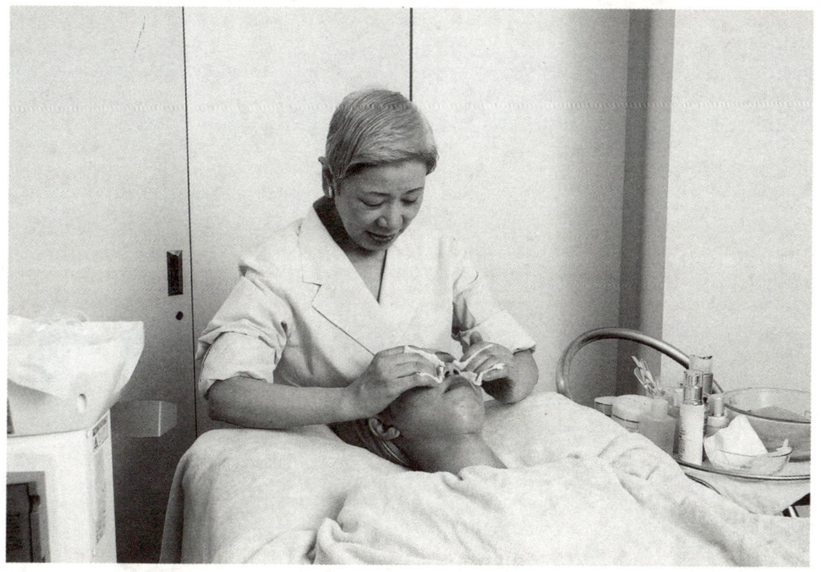

2002年，退休前夕。

“

到了六十多岁，是不是美女，大家都一样；
到了七十多岁，有没有结婚，大家都一样；
到了八十多岁，有没有金钱，大家都一样。

”

60岁

2003 年，从迪奥退休后，出版了第一本美容书籍《不要过分依赖化妆品》，很快被译成中、英、法、俄等 9 国文字，在年轻女性读者中引发广泛关注，成为无数人的美容启蒙，掀起一代护肤风潮。

“

并不是青春一结束，人生就枯萎。
退休之后，有了大段的自由时间，
能更好地活出自己。

”

退休后，怀着“即便只有自己一人，也要让更多人变美”的想法，创立了自己的美容机构，并开设护肤类慈善学校，培养年轻学员。

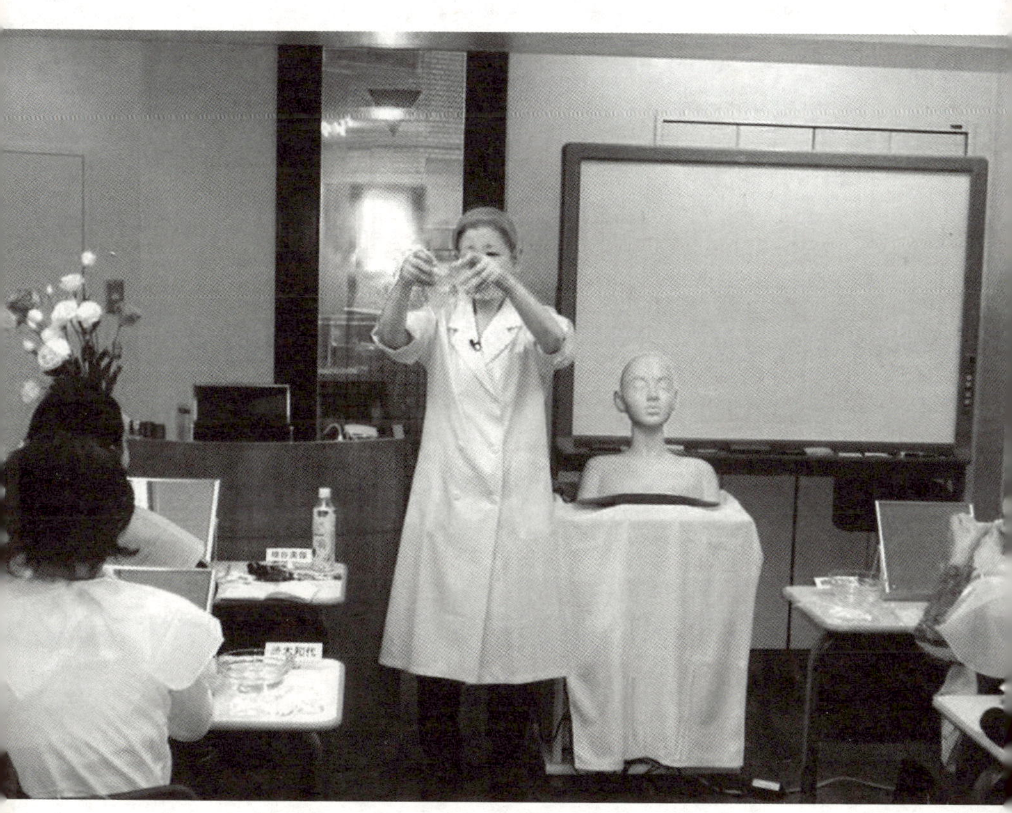

人快走到生命尽头的时候，往往后悔的不是过往的失败，而是那些还没有做到的事情。

74 岁

2017 年，74 岁的佐伯千津与读者亲切交流。

自序
想做的事，多少岁开始都来得及，变美亦然

我从 2019 年秋天开始，感到右腿有些不适，慢慢地双脚就无法自如地活动了。2020 年伊始，我在医疗机构接受精细检查，诊断结果为患上了 ALS（肌萎缩侧索硬化症）。据说这种病的特点是发展得特别快，实际上它的速度远超我想象。

一直以来，我都会向大家传达要健康、有活力、美丽地生活，然而我却生了病，心中充满了悲痛懊恼之情。这件事对于从未住过院、从未生过大病的我来说，简直就是晴天霹雳。

目前我的双腿已经不能自由活动，每天只能坐在轮椅上。而且，之前看得比命还重要的双手也用不上力，说话也不如从前那么清楚流利了。

但我不会放弃。我心里有无限的精力！梦想是良药，放弃是毒药。**从决心要在美容界打拼的那一刻开始，我就以“让更多的人变美”为目标，一直坚持到现在。**通过佐伯式美容护肤法让许许多多女性变美，这个愿望一点点实现，我心中甚是感动。从今往后，我想尽我所能，把我这五十多年所学到的一切传授给更多的人。

另外，我又萌生了一个新的梦想，那就是让大家进一步了解 ALS 这种疾病。这种疾病就算是用上最新的医疗技术，也只能延缓病情。希望我能让更多的人了解这个病，及早通过治疗，延缓病情，让希望之光照射今后的未来。

人快走到生命尽头的时候，往往后悔的不是过往的失败，而是那些还没有做到的事情。因此，请不要局限在自己小小的世界里，要无所畏惧地去做自己想做的事情。我就是这样一路走来的。

回顾自己这一生，真是跌宕起伏，波澜万丈。

在很难得到父母之爱的环境下，祖父母把我抚养成人。孩童时期，我被奥黛丽·赫本的美貌惊艳到，这成为改变我一生的机缘。我从关西乡下一路奋力打拼，进入东京美容界，开启美容事业。那时候，为了实现“我想做这个”“我想成为这样的人”这些梦想，把所有能做的事情全做了一遍。

和丈夫结婚也是，此前我从未考虑过结婚这件事，而和丈夫结婚完全像是突如其来一样。但回想起来，大概是因为我从未想过跟别的男人结婚，我这一辈子，只爱我丈夫一人。能跟我丈夫有缘相见，是上天赐予我人生最好的礼物。能与他共度人生是我此生荣耀。我还严格要求自己，丈夫去世之后我也不能做任何让他蒙羞的事情，一直到现在都是这样。

我曾供职于娇兰、迪奥，这些经历让我体会到了美容的精妙之处，同时又让我感受到了化妆品行业发展的极限。也就是在这个时期，我完成了佐伯式美容法的基础。另外，在集团里做培训经理的经验也成为我人生的一笔财富。该如何向别人传达自己、劝导别人等技能也是在这个时期掌握的。虽然我的职业生涯充满了各种心酸、苦楚，但也多亏了能一直顺利干到退休，才让我迎来了人生的又一次黄金时期。

退休后的生活也并非一帆风顺。**我一边在个人开设的沙龙馆里，把此生所掌握的美容知识、技术传授给重要的客人们，一边慢慢享受余生**。因为之前一直在描绘着这样的生活，所以借着退休的时机发售了新书，让佐伯式美容法一下变得世人皆知。除了沙龙业务，写书、演讲等站在讲台上的工作增加了。

想让更多的人变美这一愿望不断实现，我内心是无比喜悦的，但反过来，因为太出名又增添了很多辛苦。

即便如此，每次见到这么多购买我的书的朋友、全国乃至世界各地前来光顾我沙龙馆的朋友、赶来听我演讲的朋友，我都会深深感到“原来这么多人都想要学习佐伯式美容法”，心中充满感激，这正是我人生的意义所在。

即便是发现自己生病之后，现在还是能够通过这样的方式向大家传达信息，甚是感恩。

我感谢在我 76 年的人生旅途中遇到的所有人、所有事，虽然人生中充满了磨炼，但我还是想以感激之情走到最后。

想变幸福的人、想让自己肌肤变好的人……世上有多少人，就有多少愿望。我自己也是拥有了强烈的愿望，通过不断追梦的过程，实现了许许多多的目标和梦想。如果这本书能成为我送给大家的最后一本，我会很开心。

希望这本书能成为大家的“良药”。

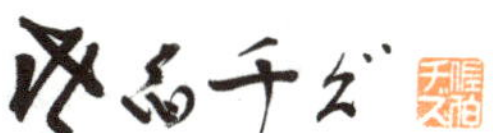

contents

目录

contents

目录

01

是什么让我在一件事上坚持五十多年

我的

美丽人生

之前我一直苦口婆心地对大家说“梦想是药，放弃是毒”，在这里我还要再说一遍：梦想是药，放弃是毒！

在与 ALS 斗争的过程中，这句话总是能让我重新振作起来。

在我 42 岁时，丈夫去世，我一下跌入了悲伤的谷底，直至丈夫一周年忌，那段时间我甚至不记得每日是如何度过的，活得如同行尸走肉一般。突然有一天，我如梦初醒，正是因为我看到了自己已经变得不堪入目的脸。

当我战战兢兢地照镜子的时候，镜子里出现的简直就是一个老太婆：干枯的白发、哭肿的眼袋、黝黑的眼圈以及满脸的皱纹……因为一直都没有好好吃饭，瘦骨嶙峋的脸颊上，两条竖纹格外显眼。

我突然惊愕：我每天竟是以这样的面目面对着自己的丈夫！明明丈夫一直以来都在默默支持我让别人

变美的工作，我怎么可以是这副样子？！我心中暗想这样无颜面对丈夫，于是我运用自己积累起来的美容知识和技术，怀着肌肤一定能够焕然一新的坚定信念，与“地狱肌肤”大战三个月，最终才恢复了原来的面貌。

在迪奥工作的时候，在美容部门当培训经理，培养出了很多优秀的美容师。同时，也遭遇了香水销售额、沙龙业绩被人远远抛在身后的危机，碰到了各种各样的困难。和降职一样的人事变动、和全公司的冲突也数不胜数，但最终总算熬到了退休。

我在化妆品公司上班的那段时间，是化妆品行业泡沫的全盛时期。国内外各种化妆品品牌泛滥，很多女性都花了高价买这些化妆品，深信它们能够让自己变美，结果现实是大多数女性都把自己的皮肤弄得更糟了。

很多女性没有正确使用化妆品，被品牌迷惑，有些甚至买了一些不必要的劣质产品……当我看到这些事发生时，深感悲痛，于是我在 2003 年出版了《不要过分依赖化妆品》。写这本书，彻底改变了我打算退休后开美容机构、简简单单过生活的人生规划。

“佐伯千津”这个名字渐渐为世人熟知，佐伯式美容法不断渗透到社会的方方面面，让众多女性的肌肤变得干净美丽，没有比这更让人欣慰的事了。但由于我缺乏商务营销方面的知识，所以也遭遇过背叛……回顾这一生，经历的千辛万苦多到会贻笑大方。

但是，除了辛苦我还一直心怀梦想。

“为了丈夫，我一定要有干净美丽的皮肤！”

“我想培养能够拯救全世界女性肌肤的美容师！”

“我想拯救所有被审美和美容信息耍得团团转的女性！”

……

正是拥有这些梦想，我才得以突出重围，克服种种困难。而且我觉得，这些梦想萌生的地方，总会有丈夫说过的话、有我与丈夫的约定、有我们共同的回忆。

当今的女性真的很自由，与我 50 年前刚进入美容界时大不相同。但自由也有自由的苦恼，很多女性不由自主地卷入信息泛滥的大潮，自以为知道了，或自以为做到了，实际上可能什么也不知道，也没做到。

如果不行动起来坚持到底，就无异于放弃。不能放弃。如果放弃了，那么就无法再继续前进。

为了离自己的理想更近些，就一定要先有梦想。

牢记“梦想是药，放弃是毒”。

我现在也再一次想起这句话，与病魔抗争，所以大家一定要跟我一起加油啊！

02

挂在嘴边的梦想，更容易实现

梦想

当别人问我："实现梦想的诀窍是什么？"我每次都会这样回答：坚定成功的信念，并不断许愿，还有要把梦想常挂嘴边。因为我就是靠这种办法实现梦想的。

我的人生信条是"如果不实现梦想就是在说谎"。因为已经把梦想说出了口，如果不实现它就相当于在骗人。因此，我就会思考如何做才能实现梦想，然后付诸行动。

明确自己的目标非常重要，我觉得越具体越好。为了能够抓住机遇，在平日里就要思考"自己想成为什么样的人"，把自己想做的事情转化为语言，讲给自己听。

我曾经有很多梦想。例如"开办一家美容学校""上《彻子的房间》[①]这档节目""在银座开设店面"……

---

①《彻子的房间》是日本朝日电视台的谈话性专访节目，主持人为黑柳彻子，播出时间为星期一至星期五 12:00 ~ 12:30，首次播出在 1976 年 2 月 2 日。《彻子的房间》也是朝日电视台该时段有史以来存在时间最长的节目。2015 年 5 月 27 日，此节目播出第一万集，并申请吉尼斯世界纪录成功，是史上"由同一主持人主持且播出集数最多的电视节目"。——译者注

我 13 岁的时候，因为崇拜奥黛丽·赫本，一心想去掉脸上的雀斑，获得洁净的肌肤，就找到一种适合自己的去角质及温冷交替的美容法。终于在 20 岁左右，获得了没有雀斑的干净肌肤。丈夫去世后，我之所以能够让自己不堪入目的肌肤起死回生，也是因为心中一直想着要让丈夫再次看到我干净美丽的面容。

如果大家觉得我是一个能够不断实现梦想的人，那就试一试我成功的精髓——许愿和将愿望挂在嘴边。这并不是遥不可及的事情，也不要觉得自己自不量力。如果你嘴里说出了丧气话，或是觉得反正无论怎样都无法实现所以不再许愿，这就意味着“毒”已经侵入了你整个身体。

我时常抱有这样强烈的愿望：让更多人变得更漂亮！怀有远大的目标，可以激发自己的斗志，找到行动的原动力。但是，我推荐大家在这个基础上每天都设定一个小小的目标。如果你想成为全球有名的演员，就可以朝这个目标不断前进，同时，树立一些小目标，比如“每天要背 5 个英文单词”“看两部自己崇拜的女演员演的电影”等等。

要实现远大的目标，并非一朝一夕之事，且要经历很多挫折和磨难。在这段长久的岁月中，不断树立小目标并达成，就能够让自己确信正一步步走近梦想。

目标达成带来的喜悦，无论多小都是令人欢喜的。大家也要试着每天都定一个小目标。就算是跟梦想无关的小目标也没关系，例如之前做过但怎样也做不好的事情，甚至是日常生活中的做饭、打扫卫生也无妨。

我的一位朋友告诉我，她在每年年初都会在手账扉页罗列上“今年的目标”和“今年想完成的事情”。有“去看歌舞伎表演”“登富士山”等，任何事情都可以，达成后就依次消除。如果你是整日忙于工作和家庭，总是把想做的事情往后拖的人，我推荐你用这个办法。

我也是会把“一有时间就想做的事情”积攒起来，

这样一来，一直没日没夜的工作中突然有了片刻喘息的时候，我也不会因为找不到事情做而烦恼。当然有时也会考虑身体状况，选择什么都不做，但大部分情况都是去做“换窗帘”“读之前买的书”“学习手机的使用方法”等鸡毛蒜皮的事情。

关于手机，我有时也会觉得学习如何使用真是一件辛苦事，但如果每天都努力学习一项手机的新功能，我就会比之前更喜欢使用手机。

通过不断达成小小的目标，世界就会一点点地敞开。

所以，请大家务必树立小目标，这样每天都能享受达成目标时的喜悦。让我们朝着更大的成就前进吧。

03

人生无常，如何让计划赶上变化

为了实现梦想，细化目标并朝着目标不断努力非常重要。就像是自己来制作自己的“人生宣传册”。**你想制作什么样的宣传册，想如何把每一页装订起来，这些都是在实现梦想的道路上非常重要的事情**。实现远大梦想的过程，实际上也是小目标不断达成的过程。

60 岁从迪奥退休到现在，我都是以 10 年为一个周期定一个目标，并朝这个目标努力。这中间发生了很多事情，70 岁再次起航的时候，我定下了“给全世界的人送去元气”这一目标。为了给大家送去元气，自己必须先充满朝气。不论多么困难，我都想通过我的生存之道让大家元气满满。我一生都想将这个想法贯彻到底。

托大家的福，佐伯式美容法得到了很多人的认可，也培养了很多传授美容方法的弟子。我想着，从 80 岁开始，监督管理我所爱的弟子们也是我今后重要的任务。之前我总站在最前面，爱操心的我一直对弟子们做的事情指指点点，这有可能会让她们变得懒惰，也剥夺了她们成长的机会。所以，在合适的时机我会隐退，把事情托付给后来人也是工作的必要环节。

还有一件事情想记录在80岁的宣传册里，那就是去非洲或阿拉伯地区男女地位差别特别大的国家，创造一个女性能够从事美容事业的就业环境。

我非常崇拜奥黛丽·赫本，这也是我开始对美容感兴趣的原因。虽然赫本在63岁时就香消玉殒，但她晚年把全部精力都投入了联合国儿童基金会中，我特别向往她的这种生活方式。

让我有这个梦想的另外一个原因，是一位从南非远道而来参加我沙龙的客人跟我说的一句话。她在读了我写的书后专程来日本见我。我给她做面部护理的时候，她对我说："您竟然如此细心地呵护我的皮肤。您的美容里充满了爱。"最后竟感动得流下了眼泪。

她跟我说她在南非从事医疗协调员的工作，这项工作是给没有机会接受优质医疗服务的贫困阶层安排医院，她给我讲了当地非常严重的贫困问题。

全世界有很多人处在非常恶劣的环境中。奥黛丽·赫本的生存之道，还有南非来的客人讲给我的话，都促使我萌生了“给全世界的人送去元气”这一想法。我在考虑可以为这些人做些什么的时候，想到了把美容这一事业推向全世界的所有人这件事上。

在非洲、东南亚、阿拉伯的某些国家和地区，对女性的歧视根深蒂固，美容业不是很发达，我想把保持健康和美丽的方法传达给这些地区的女性。就比如化妆水面膜法，只要有化妆棉，就算只有便宜的化妆品，也能变美。

如果大家的美容护肤意识提高了，女性也就多了从事美容事业这一选项。女性如果能够开心工作，变得美丽又富有朝气，家庭也会变得更加美满。这样一

来，男人也变得不想爆发“家庭战争”了，世界就会朝着好的方向发展。我坚信，美容有这种力量。

结婚的时候，我跟丈夫约好了要一起和和美美活到80岁。

我们一起设想着，两个人要努力工作，建立家庭，去想去的地方，尽情地享受时光。这是我当时心中描绘的人生宣传册的样子。虽然丈夫中途突然离去，但我还是积极地去制作不断变化的人生目录，所以才有了现在的我。和丈夫的约定，是我能坚持到现在的一大动力。

04

做一顿饭花的心思，不亚于一次头脑风暴

我从小好奇心旺盛，凡是我在意的事情，都会刨根问底。所有带着兴趣去询问的事情，就算是过了很多年，我仍能记住。常言道：**问乃一时之耻，不问乃一生之耻**。

小时候，我总是对着正在准备晚饭的祖母问一些做饭方面的问题，高中的时候，母亲在一家日料店工作，那时我总是目不转睛地盯着厨师工作。

像这样无论任何事情都带着疑问并去想办法解决，不仅能够增长知识，而且会对工作和人生产生深远的影响。

我有一位律师朋友，他总是会教育下属“要时常心怀疑问”。每天早上秘书都会敲门进来确认当天日程，他就会问秘书：“明明这样效率不高，为什么不打电话确认日程呢？”这位律师朋友，为了省去敲门的时间，甚至就让门一直敞开着。

我也是个急性子，时常考虑如何避免浪费时间。在丈夫还很健康，我们俩都上班的那段时间，我简直就是节约时间的“魔鬼”。下班回到家，该如何做才能有计划、按步骤地准备晚饭，是我每日的日课。首先煮上米饭，然后做比较费时的炖煮或者烧烤，在做炖煮或烧烤的同时，就可以准备沙拉等马上就能做好的生食……做饭是非常适合锻炼计划性的方法。我总是考虑着菜式和步骤去做饭，且能够把做饭时间控制在40分钟左右，所以丈夫从来没有抱怨过饭菜。

这也是将喜爱的工作持之以恒的必要环节。特别是我刚结婚的时候，双职工家庭还很罕见，为了让世人接受，我也要不断给自己打“？”并加以解决，时常思考着为了平衡家庭和工作自己能做什么。

家务也好，美容也好，工作也好，都不可以得过且过。**心怀疑问是解决问题、获取新知识的绝佳机会**。我们要时常带着疑问，培养不断思考的习惯，例如“有没有更好的办法呢”“这样真的正确吗”，这会成为人生的经历，让我们离实现梦想更进一步。

05

有目标又总是迈不出第一步怎么办

有很多人虽然心怀梦想，有很多想去做的事情，但总是迈不出第一步，不知道该从哪儿开始才好。这时候何不从心灵的“回收再利用”开始呢?

所谓的心灵“回收再利用”，指的是重新整理或整顿自己的内心，创造可以随时迎接挑战的心理状态。如果你不认可现在的自己，有很多地方想去改变，就容易忘记自我肯定，过度否定自己。另外，我认为在心理上有“不能付诸行动”“不能做出决断”习惯的人，就很难接近梦想。

我从小就是一下决心就立马行动的人，属于行动先于思考的类型。正是因为有当机立断的精神，所以才能成就今天的自己。

开始一件事情之前的踌躇和思索虽有一定意义，但如果考虑过多，就总会有不安显露出来，就会更难迈出脚步。我总是行动先于头脑去解决事情，这样虽有些鲁莽，但从结果来看，这也使得事情发生了变化，可以认为这是为了更接近自己的理想而必须具备的勇气。

与放弃一样，原地不动也会让梦想远离。**人生本就是不断挑战、不断选择的过程。为了能够牢牢地抓住眼前的机会，成为一个能立马付诸行动的人很重要。**就算有些勉强也要坚持。

特别是年轻人，我非常希望你们能趁着年轻飞到一个跟自己价值观完全不一样的世界里。我以前经常对周围的人说："趁着年轻，就算是借钱也要去一趟美国。"因为在外国的经历就是不断接受刺激的过程。特别是像美国这样聚集了很多不同人种的地方，价值观也是多种多样。

踌躇的时间越短越好，积极地做计划，把能做的事情往前推进，就算是往前挪动半步也好，这非常重要。

如果一味地故步自封，那就会一事无成，白白浪费时间。去端详琳琅满目的物品，去接触形形色色的人，去品尝各色美食，去做所有想做的事情。这些旅途中的经历都会让自己成长，成为自己脱胎换骨的契机。

行动是导向幸福的第一步。如果只是抱怨自己身处的现状，是不会有任何改变的。因此，要想从这种现状中挣脱出来，比起思考，行动更重要。如果你总是想着为了摆脱现状该做些什么，往往会举棋不定。先迈出半步试试，那样的话，为了下一步应该做什么，思考自然而然地也会向前跟进。

内心如果变成自己主动行动的状态，幸福就会不断接近。

06

与奥黛丽·赫本的相遇如何改变我的一生

我在美丽方面觉醒的原因是奥黛丽·赫本。那时受到的冲击至今难忘。

那还是我初中一年级的时候，闲着无聊胡乱翻了翻妈妈爱看的电影杂志，其中一页印着一位闪闪发光的女性，她富有气质和风度的笑容牢牢吸住了我的眼睛。

白嫩通透的皮肤、明亮深邃的大眼睛、纤巧笔挺的鼻梁、娇小可爱的双唇以及那苗条得恰到好处的身材。如此惊艳的美丽一瞬间俘虏了我。

从那一刻起直至今日，我对她的崇敬一直没有改变，我太想变得和她一样了，以致生活都发生了改变。

在那之前，我是一个能让男孩子自愧不如的调皮少女，会满不在乎地在烈日下跑来跑去，但从那一刻起，我就发誓绝对不能再晒黑，就再也不在外面疯玩了。当时参加的是学校里的垒球社团，因为这事我申请转入了在室内活动的乒乓球社团。虽然后来也有过被派回人数较少的垒球社团的时候，但就算是最要好的朋友请求，天黑之前我也不会参加垒球比赛的。

我从小手就比较灵活，高中时进入了服装科[①]，为了更接近赫本，我就发挥这一特长开始仿制衣服。我把衬衫换成了翻领，脖子上再搭配一块手帕——《罗马假日》的安妮公主就诞生了。后来我特别想穿《龙凤配》[②]里的短裤，就把自己的牛仔裤剪短，做成了“萨比里娜短裤”，再配上一双扁瘪的鞋子……我想尽各种各样的办法去模仿。

那时候我只能模仿赫本的“外形”。深入理解赫本真正的美丽是在我长大之后。

下面是她喜欢的山姆·利文森写的一首诗中的一

① 1958年，日本学校的家庭科目中开始设立服装科。——编者注

②《龙凤配》是由比利·怀尔德执导，亨弗莱·鲍嘉、奥黛丽·赫本、威廉·霍尔登、约翰·威廉姆斯等主演的电影，于1954年9月9日在英国上映。——译者注

小节：

要想拥有吸引人的双唇，请说善意的言语；
要想拥有美丽的眼睛，请寻找他人的优点。

她的美丽，不仅在于绝世的美貌，还在于她的生活态度。我后来知道，这一点正是当时我被她一下吸引的精髓所在。

赫本从电影界隐退后，就任联合国儿童基金会的亲善大使，为慈善活动奉献了余生。她和战争中受苦地区的孩子们接触时那慈祥的微笑让我再次肃然起敬。

奥黛丽·赫本就是我一生崇敬的人，也是我人生的榜样。对我来说，她就是提升我自己的一把“量尺”。**正是因为有这一把量尺，我才能描绘出具体的目标，能够稍微接近她一些，对我来说都是一种自我磨炼的激励。**

除了奥黛丽以外，我还有很多崇敬的人，都有各自的魅力，都是富有高尚品格和诚意，对别人充满关怀和友爱，也非常注重自己衣装打扮的高雅之人。

当我被问到“你觉得谁非常美丽”这个问题的时候，我总是会提到正田美智子这个名字。正是日本上皇后陛下。

她声音的质地、说话的方式、一举手一投足，都非常端庄贤淑。记得当时得知皇宫大婚之时“诞生”了一位了不起的王妃，我还激动得心跳不已。美智子熟练掌握了日本自古以来的礼节和道德，同时她又从强烈的信念中酝酿出了凛然之美。

美智子上皇后在现任天皇（德仁天皇）陛下年幼时，每当自己不能陪在孩子身边的时候，就会把教育方针整理成“德宝宝[①]宪法”写下来，委托给亲信，这

① 此处指的是写给德仁天皇的规定。——译者注

段逸事非常有名。因为出身平民，因此她遭受了众多的非议和偏见，但从这段逸事中就能够感受到她能够坚守住自己的信念，内心非常强大。

在 3·11 日本大地震中，美智子上皇后访问受灾地的时候，为了能够和受灾者的视线相对而跪着说话的样子，也让人印象深刻。这份关怀，在美智子上皇后的整体魅力中也是不可或缺的。

她有着日本女性特有的抚子之花般柔韧的气质，把阻碍人生前进的逆境作为考验，一边磨炼自己，一边坚定信念付诸行动，她是我的榜样，我希望更多的女性能够向她学习。

像这样，拥有自己的量尺吧。而且，这个量尺不能像学生时代那样只是表面的模仿。**一定要思考具体向往对方的什么方面，把它灵活运用在自己身上，只有这样才能找到自己独有的生活方式的原动力。**

07

让别人对自己温柔以待，其实不难

在我和丈夫刚结婚那会儿，附近有一对关系特别好的夫妇，有一天他家夫人告诉我：“要想‘操控’好老公，就要做好充满爱意的料理在家等他。”

我们新婚的时候，家里并不富裕，没有办法准备特别豪华的饭菜，所以作为弥补我就会满怀爱意去做饭。

菜式是每家每户饭桌上常见的饭菜，有萝卜干、炖羊栖菜、凉拌菜……虽是一些再普通不过的家常菜，但我在里面倾注的爱是别人的一倍。

当时没有现成的高汤原

料，所以高汤是用海带和干鲣鱼熬的，芝麻也是自己研磨的，我从不会吝惜时间，一面想着丈夫，一面给他做这些。

也许是这个原因，丈夫总是工作一结束就一溜烟地跑回家，津津有味地品尝我给他做的饭菜。回想起来，这也许是我人生第一次为别人竭尽全力去做事。

在听夫妻之间互倒苦水的时候，经常出现的表达是“他（她）不帮我做……”。在三十多年前，如果夫妻俩吵得不可开交就会被称为“不帮我一族”，这成为一种社会现象而流行起来。虽然时代变了，但“不帮我一族”也还存在。

比如“丈夫不帮我做家务”；
“孩子不主动学习也不给我帮忙”；
“我的想法上司不通过”；
……

这些话随处可以听到吧。可能有人会大吃一惊：

“啊？我好像也老这么说。”

也许这些话很多人都会不自觉地说出口，但是一旦说出这些话，基本上都是自己一直在索求，因此，当别人不为自己做事的时候，就会越来越不满。

当有“不帮我做”这种念头的时候，最好问一下自己：“我做到了吗？”

在哀叹丈夫和孩子不按照自己的想法去做之前，先想想自己是否能温柔对待丈夫和孩子。不要光要求他们做这做那。要想调动别人，首先需要自己行动。

我想和丈夫相处美满，所以怀着爱意做了饭菜。说到为对方竭尽全力，也许有人总会觉得牺牲了自己，但事实是因为有爱，所以才能够竭尽全力。

工作也一样。如果因为上司不认可自己的能力、不给自己涨工资而感到不满的话，首先要考虑一下自己是否能胜任与工资相符的工作，自己是否能达到被上司信赖的水准。

美国第35任总统约翰·肯尼迪在就任总统的演讲中这样说道：

“不要问你的国家能为你做什么，而是要问问你自己为国家做了什么。”

我非常喜欢这句话。试着将这里的“国家”替换成父母、配偶、孩子或公司，你自然就会理解我想传达的信息。

如果只是叫嚷着想要某种东西，那是绝对得不到的。**越是想索取的时候，给予越重要；越是满怀爱心地付出，就越会带来相互之间良好的关系和结果**。

有一段经历让我感受到了自己的全力以赴。我45岁进入了克里斯汀·迪奥公司工作，那时在公司里打招呼大家都很高傲，员工培训的时候，大家好像一点兴趣都没有，全都低着头。虽然我心里想着这家公司怎么这么阴沉，但如果接着发泄不满，那么我与他人的关系也就不会发生任何改变吧。

于是从第二天开始，我每天上班后就大声打招呼，声音大到整个楼层都能听到。渐渐地，同事们的反应开始发生了变化。

“老师一到，公司一下就变得很明亮。”

“打招呼真舒服啊，会变得很有精力。”

周围这样的声音越来越多，办公室里相互问候变成了理所当然。

通过改变自己的行动，可以带动周围的人。夫妻、情侣或其他家人之间也一样。如果想让别人温柔对待自己，首先要让自己变得温柔。如果有人帮自己做了家务，那么就要说“谢谢”。

这些小小的积累，会产生连锁反应，创造一种无论是对自己还是周围的人来说都非常舒适的空间和关系。

“幸福就像香水，洒给别人也会芬芳自己。”

这是美国诗人爱默生留下的话。大家也和我一起喷洒幸福的香水吧。

08

和合不来的人喝的咖啡，一点也不好喝

我丈夫已经去世30多年了。虽然这之后一直孤身一人，一个人生活，但在那之前，我早就开始实践“独行”了。

很久之前，如果女性一个人行动，很多人会觉得那样很寂寞，或是如果被别人认为自己很寂寞，就会觉得很尴尬。

但是我正好相反，我不太喜欢与人成群结队。特别是几乎全是女性从业者的美容界，结伴就不是个很好的事情。

如果几位女性凑在一起，就容易说一些公司和同事的坏话，发泄各种情绪和不满，谈论社会上大肆宣扬的八卦消息，几乎都是些没有实质内容的话题。有时某些人说的某些话，就会在一瞬间传遍整个公司。我作为她们的领导，有时会利用女性这种特质，如果有事情想传到每个人的耳朵里，我就会找一位特别爱聊天的员工，小声告诉她“这件事不许外传”。这样一来，基本上第二天联系网就建立完成。

集体行动如果变成了理所当然，自己自然而然也就会被周围的人忽视。

举个和几个朋友一起去旅行的例子。既然一起去，就不能光想着自己想去的地方、想看的风景，还要顾及朋友的想法，所以很多时候都要忍耐。而且光顾着照顾团队里的人，有可能会错过至关重要的景色，还没来得及看自己想看的，整个行程就匆匆结束了。

朋友们，如果你不知道一个人独处是多么有意义的事情，那就太浪费了！

去咖啡店一个人静静地享受咖啡时光，偶然撞见一家很好吃的荞麦面店，品尝美味……这些时间都是自己的，是真正面对自己的宝贵时刻。

与合不来的人一起喝的咖啡，一点都不好喝。

我在工作上也是“独狼”。

我身处的环境人际关系复杂——几乎全是女性的美容界。之所以能够只身坚持40年，全是因为我没有跟其他人有特别深的交情，一直贯彻“独狼”的精神。

“独狼”的好处在于，不会把事情托付于他人。和别人一同商量最终做了决定，如果事情没做好，就会不自觉地怪到别人身上：“因为是他这样说的，所以才……”

如果是单独行动，就不会去找别人的不是。无论是好事还是坏事，都是自己一人承担。这样一来，不用去找借口，心情也会非常轻松。

请大家务必自己单独行动，变成一个能够做出决断的人。这样你的世界就会发生翻天覆地的变化。

09

面对刁钻的工作难题，如何别出心裁出奇迹

现在跟以前不同，女性的生活方式可以有各种各样的选择。我以前最大的幸福就是能够和丈夫共度人生，同时又能兼顾让别人变得更美的工作。丈夫过世后，正是因为有美容这份工作，我才得以重整旗鼓，才成就了现在的我。

在工作中积累经验的同时，别出心裁非常重要。如果只是单纯处理事务，就无法得到期望的未来，也无法接近自己的梦想。要动脑筋想一想应如何灵活运用在工作中获得的经验和知识，我认为这样才能不断获取工作成果。

在我上美容学校的时候，毕业后特别想去牛山喜久子老师在银座开设的美发沙龙里工作，所以每天都非常勤奋地练习洗发技巧，而其他同学都专注于烫发或者剪发。想成为理发师，一般来说努力练习烫发和剪发才是正确的。但洗发这个工作是新人无论进哪家美发店最开始都要做的事情，站在美发店的立场来说，录取新人时就会想录取一个特别会洗发的人。而烫发和剪发，在正式就职后去练习也不晚。也可能是这个原因，我最终如愿以偿地进入牛山老师在银座的美发店。在美发店里，我也是努力练习成为一名合格的助手。这样一来，就有机会成为牛山老师或是其他优秀前辈的助手，也就能够近距离地学习一流的技术。

当你身边有无数的竞争对手时，为了能够出类拔萃，尽快提升自己更上一层，就要按照自己的想法匠心独运，这是开辟道路的第一步。

我在迪奥工作时同样也在不断创新。当时分配给我的工作净是一些刁钻问题，如不开动脑筋就可能无法处理。

印象特别深的是新产品的宣传。我在迪奥帝国酒店沙龙工作的时候，迪奥发布了一套“花秘瑰萃系列”顶级化妆品。

这套化妆品萃取了马达加斯加野生百合科植物克尼夫菲亚精华，制作过程中未添加一滴水，拥有美肌作用和细胞再生能力，是当时顶级的奢侈护肤品。因其功效极佳，所以价格不菲。卸妆乳、化妆水、美容液、乳霜、按摩霜这五样加起来价格超过八万日元（约 4984 元人民币，1 日元约合人民币 0.06 元）。这五样产品最开始发售的时候，我们做了这样的营销活动：把它们做成套装放在一个盒子里，只在限定店铺销售。

但营销方和百货方都表示"这么贵的商品根本卖不出去"，营销总部部长和市场总部部长都跑到我这里来，问如果是我的话应该怎样去销售。

当时我还是美容部门的培训经理，还要独自一人负责沙龙的各项事务，已经忙得团团转。这时总部部长还特地来找我商量，真是让我伤脑筋。

日本是护肤大国，每次迪奥发布新产品，总公司给日本市场的配额在全世界来看是相对较多的。最后，我以全权负责培训会场布置、培训方式、时间为条件接受了这项任务。

我首先做的是，在五样套盒的基础上，另做了包含卸妆乳、化妆水、按摩霜的三样套盒，以及包含美容液和乳霜的两样套盒。因为我认为无论商品多么优秀，超过八万日元的价格很难抓住顾客的心。

一直以来，我都告诉下属我们的工作不仅仅是销售化妆品，还要让顾客变得更加美丽。美容部门的员工，必须能够自信满满地向顾客介绍商品，这样才能获得顾客的认可。

为了实现这个目的，首先我自己必须了解商品。但是，问当时的负责培训的经理关于“克尼夫菲亚”是什么时，他也只是回答说是百合科的花。这样的话就无法说服顾客并让顾客接受。于是，我自己去找对产品成分非常了解的部门和商品管理部门，对该产品进行了学习。我知道了“克尼夫菲亚”是生长在马达加斯加的一种生命力顽强的植物，它可以从根部源源不断地吸收地下水分。由此我了解到未使用一滴水、萃取这种花的精华做成的产品，有多么出色，并产生了该如何进行培训的计划。

全国主要店面的美丽主管聚在一起培训的第一天，我听到了她们打开培训室大门时不禁发出的感叹。

在光线较弱的房间里，有一面墙布满了百合，整个房间弥漫着芳香。聚光灯打在正中央的“花秘瑰萃”产品上，打造了一个天堂般的空间。

培训从介绍克里丝汀·迪奥先生开始，也聊了关于颜色的话题。我刚刚加入公司的时候，销售手册里只有化妆品的商品号和法语介绍，因此某个商品具体是什么，完全没有印象。于是我在手册原有法语的基础上加上了日语和英语的介绍。

再例如，我在某款口红产品上加了“Azalea（杜鹃花）”这个名字，听到这个名字后脑海里有没有浮现紫红色的杜鹃花？这比单纯的编号更容易让顾客清楚是什么颜色，什么时候使用。这也是我别出心裁的一件事情。

下面终于进入正题。日本女性有着细腻的五感。为了能够打动她们，比起功能性的说明，用空间、香味、印象来推动更有效。最后，我给大家做了总结："请想一想能够在全球化妆界的顶级品牌克里斯汀·迪奥工作有多么幸福，你们的工作就是把迪奥先生的想法传达给全世界。"

这次培训后，全国几乎所有的店面，"花秘瑰萃系列"产品都出现了超额预订，而且五样的套装卖得最火。

"花秘瑰萃系列"产品成了克里斯汀·迪奥历史上最受欢迎的系列之一，当时的培训也被称为"神话培训"。

单纯像流水线一样工作是无法取得成果的，而创新则可以。所以，大家一定要把创新引入现在的工作中。**如果你觉得现在的工作非常无聊，那很有可能是把工作当成了流水作业。进行创新，就能体会到工作的妙趣与欢乐，所以请务必按照自己的风格在工作中开动脑筋。**

10

从来如此的不一定就对，跳出固定思维工作才能突破

我刚加入克里斯汀·迪奥的时候，经常会听到“5：4：1”这组数字。指的是销售商品时各方面需要花的力气的比例。市场占五成，品牌占四成，销售人员占一成。

我当时作为国际培训经理入职，负责培训销售人员的工作，认为必须改变这种想法。

被称为经营之神的松下电器的创立者松下幸之助，曾这样说过：

“松下电器是育人的公司，顺便制造电器产品。”

我对这句话深有同感，不能培育人才的公司是无法成长的。

因此，我立志要把这个比例改变成“3∶3∶3∶1”，即市场、品牌、销售人员的力量都是同等的，最后的“1”指的是商场的选址条件。

销售人员直接与顾客接触，销售人员与顾客之间的关系才是销售商品时的关键。

我最先处理的是改变销售人员的称呼。当时在商场柜台里的销售人员往往被称为“店员”或“美容部门员工”，我给她们改名为“beautist（美丽艺术家）”，这是“beauty（美人）”与“ artist（艺术家）”组合起来的词语。

这个词里蕴含了“你从事的工作不是在销售商品，而是在销售美丽，你是美的专家”的意思。另外，为了保持与“美丽艺术家”名称相符的品格，对行为举止、书信的写法、筷子的拿放等乍一看和工作没有关系的事情也进行了培训学习。因为如果只是金玉其外，就会一下被顾客看穿。

除此之外，作为服务行业的门面之一的鞋子，我也进行了统一。当时穿着的制服有规定，但是鞋子是自由的，所以有的人穿高跟鞋，有的人穿凉鞋，而且鞋子的颜色也各不相同。在统一鞋子的时候，以穿着不累脚为重点，找人制作了专用的宽口轻便女鞋。另外，对是否披上羊毛衫也进行了统一，以求打造和谐的卖场。

还有，最重要的是给员工注入品牌的灵魂。我从外文书籍里把迪奥的发展历史、迪奥先生的精神等翻译制作成教材，不断向同事们传达“自己在世界最优秀的品牌工作，担负着传播美丽的重要使命”。

通过各种各样的改革，美丽艺术家们的眼神发生了变化，与之相应地，销售额不断增长。我在刚加入公司的时候，曾宣誓要在三年内赶超香奈儿的销售额，结果这个目标只用了一年就达成了。

这个结果在我看来，从某种意义上说也是理所当然的。因为香奈儿对于市场销售分配比例也是“5：4：1”，对于销售人员的重视程度过低。而把销售人员的花费精力调整至“3”的迪奥，自然就卖得好。

虽然在整个销售过程中有各种各样的因素，比如商场及选址、商品本身的影响力等，但最终还是要归结到人身上。如果销售人员能够给顾客带来亲近感，让顾客得到宾至如归的照顾，那顾客就会从这名销售人员那里买货。作为美丽艺术家，能让顾客想从自己这里购买商品，这是至关重要的。所以最终还是要看人的影响力。

如果你在目前的工作环境中遇到了不顺心的事情，就要重新审视自己是否轻视了人的力量。最后，仍旧是人的影响力在发挥作用。

11

像猫一样俘获喜欢的人

有的朋友说：我想结婚，想交男朋友，但老是遇不到。

如果你把一切不顺归咎于他人，那很遗憾地告诉你，事情还是无法解决。

现在有很多女性选择不结婚，曾有一段时间社会上把不结婚的单身女性称作“败犬”。如果你真的想结婚，或是想找男朋友，我的建议是：

不要当败犬，而要成为败猫。

是不是一下不能理解我的意思？那你就想象一下猫和狗在打架打输时候的样子。当一条狗感觉到无法战胜对方的时候，耳朵和尾巴都会耷拉下来，低头俯首向对方示好。而猫则是非常高傲，就算知道自己输了，也会竖起全身的毛“唔唔”地向对方发出威慑。

我想让你们成为“败猫”，实际上是想让你们成为像猫一样有气势和能量的女性。

比起对任何人都点头哈腰、阿谀奉承的女性，高傲而充满能量的女性更让人觉得有魅力。但就算是“败猫”也不能一直板着脸、狂妄自大。猫是一种只会向有心人撒娇的生物，这种反差正是一个强有力的武器。

我自己也不是特别擅长谈恋爱。我丈夫是我的初恋，也是我最后一位所爱之人。我是属于对结婚没有太多实感的类型，但我内心非常明确要选的结婚对象是什么样的人。我觉得这是受小时候的家庭环境的影响。

小时候，我父亲找了情妇，离家出走了，生我养我的母亲经营着一家小酒馆，我是在充满烟酒味的环境里长大的。所以，我决定自己要找的结婚对象必须是比我年长且工作认真的人，“不喝”“不打”“不买”，也就是不喝酒、不打人、不出去找女人。

每个人追求的结婚对象都不太一样，但像我刚才说的那样，定一个“不喝、不打、不买”的标准，如果有自己的标准的话，就不会漫无目的，是不是也更容易召唤现实，获得真正的幸福？

结婚只不过是人生的一个过程，绝不是终点。结婚后，不用背负不必要的辛苦，可以避免的事情就尽量避免。为了大家能够有一段辉煌的人生，请务必躲开“酗酒、打人、出去找女人”的男性。

当你遇到非常出色的人的时候，就要像猫一样，一改高傲的姿态，变成黏人的女性去接近他。

12

多做一点点，也许就能逆转人生

无论男女，凡是人缘好、工作能力强的人，以及受人敬重的人，都有个共通点，那就是勤快。

你可以想象一下，能够读懂氛围、抢先行动、步伐勤快的人，肯定比一直瘫在椅子上什么都不干的人给人的印象更好，不是吗？

我还在公司供职的时候，是这样教导下属的："工作一定要做到'三勤'。"也就是手勤、脚勤、口勤。

"手勤"指的是要时不时给顾客写感谢信。"脚勤"指的是腿脚勤快，经常四处走动。“口勤”指的是定期与顾客联络，给顾客安心的感觉。

拥有这“三勤”的人，无论在哪儿都容易取得成功。

现在与顾客交流主要是通过邮件，而亲手写在明信片或信纸上的内容，会别有一番风味。不追求字多美，要的是认认真真的态度。向对方传达心意非常重要。

我还一直教导她们在给顾客打电话的时候，一定要专心和保持微笑。一边手里做着某些工作，一边跟人说话，实在不太好。这种态度，即使不是面对面，也会传达给对方不好的印象。

用心的“三勤”将会是你人生好转的关键。

现实中经常出现的“三勤”，就是给人送礼或问候对方的时候。

大家去见关照自己的人，肯定会准备伴手礼吧。这时候，你是如何选礼品的呢？是急急忙忙地去车站买些点心凑合一下？还是随大流买些“不会出错”的物品？

难得送一次礼物，难道不想送一个能让对方惊讶或是心动的礼物吗？

我第一次出书的时候，当时没有人知道佐伯千津这个名字，为了让营销人员知道我并帮我卖书，我提出想在营销负责人面前讲话的请求。

这是一个非常珍贵的机会。心中突然闪现一个想法，于是我就订了某样物品。

研讨会当天，聚在一起的有四十多位营销员。我对他们说：“请大家帮我卖书直到这个磨破为止！”分发给大家的是一双双袜子。

会场一下就喧哗起来了。如果我光是说“请大家帮我卖书直到袜子磨破为止”，大家可能听着不会太开心。而我把袜子一并送上，就变成了一个非常俏皮的请求，对方也不会太反感。这件事情好像在出版社还成了一大话题。

去外地采访的时候，我也曾给住宿的酒店的各个房间送过麻制睡衣，再添上一句“一直以来谢谢你，穿着这件睡衣好好休息吧”。以此为契机，大家穿着睡衣聚集在一个房间里，气氛非常热烈。

礼物有亲近之意，礼物也会成为谈话的契机，拉近双方的距离，蕴含了无限的力量。送礼当然也有让对方高兴、让对方记住自己的意思，而且在选择礼物时自己也会无比开心。因此，平时就要若无其事地去了解周围人的生日、兴趣、家庭成员及其喜好等。

虽然不过是礼品，但却非常重要。我希望大家能够重视“三勤”的精神，发挥想象力，想一想自己送的礼品能否得到对方的欢心，让送出的礼物彼此都能开心，让自己成为一位擅长送礼的人。

13 学会打招呼，你的人缘不会太差

因为丈夫的工作调动，我在海外住了两年，这成为我重新认识日本的优点的契机。我们住在美国加利福尼亚州，一年四季气候温和。住着确实舒服，但我更怀念日本的四季。

日本真是个很棒的国家。四季的更迭给文化带来了色彩。例如和服，秋天、冬天、春天穿的是有内衬的“夹”（夹衣），盛夏穿的是通透的“单”（单衣）等，要根据季节更换衣物，仅此就能感受到四季变化。日本的房屋也是使用了能适应四季湿度和温度变化的材料。

引以为豪的日本料理，其中也能感受到季节之美的文化。有“跑”（初上市）、“旬”（正逢时）、“名残”（余味）这种词汇。

例如鲣鱼，就可以品尝到初上市时清爽的“初鲣”、肥美的“秋鲣”，还可以期待下一年的“回鲣”这三种不同的口味。这种乐趣，是只有在日本才能享受的奢侈。

我非常喜欢日本文化把四季的风情融入问候中这一点。“马上就到红叶季节了”“京都的千枚渍[①]马上要上市了”等，带有季节风景诗的寒暄，不断在四季里展开，真是美到极致。

又如茶道、书道、花道等，把文化作为道来追求也是日本人拥有的精神。这些道中蕴含的问候也很重要。但是，最近感觉到日本人对季节的敏感性，以及端正规矩的问候传统都渐渐消失了，我很担心。

---

① 千枚渍：用著名的圣护院萝卜切成薄片，在四斗樽中放入海带和盐，每天细心控制温度和湿度，直至熟成，萝卜天然的甘甜完全融入海带的清香中，孕育出味道令人难忘的千枚渍。（引自“日本通”）——译者注

在日本举行的橄榄球世界杯赛上，比赛结束后有越来越多的外国人鞠躬，这形成了一股小小的热潮。外国人亲身感受到日本文化传统的意义并付诸实践，我感到非常高兴。看着对方的眼睛，微笑着恭敬地低头，虽然是非常简单的事情，但是能够随心而为的人，大多是在温暖的家庭环境中被精心养育的人。

反之，不管是知识多么丰厚、头脑多么聪明的人，如果不懂得好好地打招呼，那么最后也无法很好地和对方进行交流。**如果去探索根源，就会发现很多人在成长过程中都没有发觉问候的重要性，也没有通过问候来触动心灵的经验。问候是将对方和自己联系在一起的心灵的入口。问候是日本文化的基础。请从今天开始好好打招呼。端正态度，认真生活。**

话虽如此，只是拘泥于形式的问候也不可行。我刚进迪奥的时候，日本分公司的经理汉斯・卡佩拉先生在走廊上与我相遇，他对我说："呀，你好吗？"然后莞尔一笑。在日本，公司内部的问候通常就是"您辛苦了”。习惯了这种日本式问候的人，对卡佩拉先生友好的问候感到害羞，很多人只是默默地鞠一下躬。

但我不一样。我当时满脸笑容地回答说：“很好！很好！充满精力是我的优点！”卡佩拉先生对我说：“你一直精神满满，让人感到非常舒服。”

要说我一直都充满活力的话，其实也不是这样。但是，我在无意识中实践着通过先让自己打起精神来，让对方心情变好，反过来自己也能变得更有精神这件事。

在法国人卡佩拉先生看来，用“辛苦”这个词打招呼的日本人很不可思议。我们是包含着慰劳对方的意思而说“辛苦了”，但是“辛苦”绝对不是积极的词。卡佩拉先生的“呀，你好吗？”这样的发问、寒暄，是不是更能激发员工的活力，提升士气呢？

问候是与人产生联系的第一步。我相信只有用心，才能发挥出问候的力量。

14

到了六十多岁，是不是美女，大家都一样

我的

美丽人生

到了五十多岁，会不会学习，大家都一样；
到了六十多岁，是不是美女，大家都一样；
到了七十多岁，有没有结婚，大家都一样；
到了八十多岁，有没有金钱，大家都一样；
到了九十多岁，在不在世，大家都一样。

这是我从某个人那里听到的话，非常有共鸣，所以在演讲等场合会讲给其他人听。经常有人把人生的春天限定在十几岁、二十几岁的年轻时候，但是我从自己的经验中确信绝对不是这样的。

过了 60 岁就是“老春”了。如果年轻时的青春有点幼稚，那么“老春”就是在尝尽了酸甜苦辣后迎来的春天。

年轻的时候，人们总是在意会不会学习、是不是美女、是单身还是已婚、有没有钱之类的事情，而到了“老春”阶段，这些都变得无所谓了。

比如，到了七十多岁，无论是吃饭还是旅行，都想和女性朋友一起去，不需要丈夫的人越来越多。所以，不管是结了婚还是没结婚，都没有什么区别。到了八十多岁，就算是很有钱，往往也会力不从心，腿脚也会不灵便，能够吃下的美味也不多了，所以有没有钱都无所谓。到了九十多岁，就会把现在当作另一个世界痛快地生活下去。

随心所欲地歌颂每一天。你不觉得那才是最宝贵、最棒的生活方式吗？

我经常告诉大家，要更加珍惜自己，爱自己。听到这句话，就可以从每天“追赶”自己的压力和禁锢自己的牢笼中解放出来。你们处在焦虑时代，背负着看不见的压力，一定很辛苦，很容易失去重新审视自己的那份从容。只要你们能够理解这句话的含义，就能开拓出丰富多彩的人生。所以，请务必重新审视一下自己真实的样子。

15

顶级美容机构教会我的事

我第一次思考“什么是一流”，是我在大阪想学美容的相关知识、上仪态学校的时候。

为了理解所谓的“美”是什么，在上学和放学的路上，我经常去百货商场和书店，欣赏豪华的餐具、华美的衣服、精致的家具等。想要提高鉴赏力，或者想要找到生活的梦想，看这些一流的美好的东西很有帮助。

我特别喜欢银座这个地方。银座在整个东京也是具有独特威严的地方。当我进了牛山喜久子老师在银座的沙龙的时候，强烈地感受到了这一点。对我来说，牛山老师也是让我学习到什么是“一流”的一位贵人。看到牛山老师的状态，我知道了什么是优雅，有风度的女性是什么样的。

日本人对流行都很敏感，不管这些流行的事物是好是坏。热潮袭来，又以惊人的速度离去。然后，下一个热潮再来……银座这个地方，即使时髦的品牌店开张了，也很难长久生存。不论是国外的品牌还是日本的，结局都一样。

接触一流，会对自己的生活方式产生很大影响。但必须避免的是，对于名牌，不能盲目相信全部都是一流的。否则就是受到了知名度这个概念的摆布而已。所以请一定要考虑清楚，对自己来说真正的一流是什么。

要得到一流的人的认可，就需要相应的才能。特别是客人能够把我当作一流的美容专家，指定我来服务。其他的工作也一样。关键点在于你能掌握无愧于顾客信赖的知识、技术和心理，这样能让自己在接触一流的同时，又能磨炼出一流的技艺。

16

试用才能找到对的化妆品，试错才能找到适合自己的人生

人生就是每天不断挑战、失败，然后再挑战、再失败，循环往复的一个过程。

比如说，一眼看中的化妆品买来之后发现不适合自己的皮肤，作为女性，谁都会有一两次这样的经历吧。

看到现在的年轻人，我总在想他们很多人是不是都对出错感到恐惧。他们很容易受到别人影响，过分在意别人的声音。单单买一件化妆品也是如此。到底什么样的化妆品适合自己，就算是自己想破脑袋，或是问任何人都无济于事。没有任何一个办法能比自己实际使用一

下更有效。因为皮肤是你自己的。

就像这样，不断地进行试错，才能够知道适合自己皮肤的化妆品、适合自己的衣服、适合自己的工作、适合自己的食物、适合自己的恋人等都是什么样的。

如果你是二三十岁的年轻人，那就请你不断去试错。这个过程绝对不是白费工夫。通过不断尝试，可以积累丰富的知识，失败中获得的经验更多。所以，也要不断经历失败。

通过尝试和失败获取的知识和经验，到了三四十岁的时候，就可以用来说服别人。

如果因为失败受了伤，或是感到心碎不已，这时候就对自己高喊：

“我还有很多可能！”

如果别人对自己恶语相加，就对自己高喊：

“你是你，我是我！”

这些非常重要。

每挑战一次，失败一次，都会变得更加聪慧。有了这样的心情，不就想挑战各种各样的事情了吗？

17 我在迪奥经历的三起三落

我的人生是一个不断面临巨大苦难和不断超越的过程，时常遭遇不幸、遇上挫折。其中最辛苦的是被拖后腿。

在迪奥上班的时候，每一天都相当波折。经历过 3 次降职。现在回想起来，每次都是因为被拖了后腿。

第一次是我当培训经理，完成总经理下达的目标时。那时，我有六千位下属，突然被调到没有任何下属的香氛部门当特派专员。从拥有六千下属的职位一下变成了只有我一个人。而且，当时正处于迪奥的香水销售低迷的时候。虽然此前我的业绩大有提高，但跟公司产生了一些矛盾。但当我听到这份工作调动的时候，心情还是相当激动的。

所谓的香氛特派专员，实际上是到全国的店铺，促进各个店铺的香水销售。我在法国娇兰公司的时候，学习了很多关于香水的知识，所以对这份工作充满了斗志。香氛特派专员虽在日本鲜为人知，但在法国是一份很高尚的工作，从事这份工作非常光荣。

念头一转，我便开始在全国各地飞来飞去，进行香水的促销和美容部员工的培训工作。最后，香水的销售额在迪奥化妆品销售总额中的占比，从最初的10% 左右上升到了 23%。

后来，公司计划在帝国酒店开设直营精品店，有人问我要不要当精品店的经理。听上去很不错，但实际上这个计划中途受挫——精品店开是开了，但里面的工作人员就我一个人。顾客也是从零开始，简直就是一个鲁莽的开端。这差不多就相当于“半解聘”了。

但我并没有因此气馁。就像之前我都能留下辉煌的业绩一般，这次也要认真对待、做出成绩来。

内部装修是我自己找的专业人士，选品也是我层层严格把关，经过了千挑万选。因为自己手很灵巧，从学校家政课的服装课学出来，所以窗帘等布制品是自己筹措来亲手缝制的……能节约的地方都节约到了极致。因为一个人从零开始，所以可以全部按照自己的想法来做。对我来说，那是一段非常快乐的时期。同时，我还开发了原创的美容套餐。我一个人完成整个过程需要两个半小时，一天限定做两位顾客。最开始设定费用是 25000 日元（约 1585 元人民币）时，有人跟我说那么贵的价格是不会有人来的。现在看来，这个价格随处可见，但那时候没有人定这么贵的价格。即便如此，我也认为我的美容套餐绝对能够满足顾客需求，是绝无仅有的特别的套餐。

找顾客也是由我一人来做。我向之前关照过我的人发出了问候信，向光顾精品店的顾客分发了亲手制作的小卡片。听到美容套餐内容的顾客都很吃惊。有些客人试着接受了我的美容，基本上大家都说“没想到真的很舒服，以后就拜托你了”，顾客人数不断多起来。

我注意到的时候，竟然变成了媒体上的话题，被宣传成了“预约不上的神之手美容沙龙”，预约人数最高时能达到百人。一开始我定的销售目标是第一年每月 100 万日元，第二年每月 200 万日元，实际上第一年每月的销售额已经接近 200 万日元。我完全没有推荐顾客购买化妆品，但是客人在接受我的美容护理后，也会购买护理时使用的化妆品。

之后有了一名助手，美容沙龙也走上了正轨，但主营的精品店后来进行了改装，美容沙龙也随之撤销了。我又突然患了突发性耳聋，当时我 57 岁，距离退休还有两年半。如果不自己想办法创造工作的话，可能就再也没有机会了，于是决定在迪奥的各个店开设护理业务。在其后全国巡回的时候，很多前来的人都会问“佐伯老师会帮我护理吗？”而且大家都买了护肤品，所以创下了当时精品店的最高销售纪录。

就这样，工作到了退休年龄。对我来说，在迪奥的 15 年里，不断经历摔倒，又被客人和理解我的人拉着手重新站起来，正是遭遇无数挫折又重新站起来的过程。

拖后腿的人内心深处是嫉妒、记恨、憎恶。但是呢，在狭小的世界里，互相拖后腿也没有意义，为了实现梦想，应该有更重要的事情要做。

你是拖后腿的人吗？还是能对倒下的人伸出援助之手的人？当你被别人拖后腿的时候，请你伸出你的手抓住要拉你的人，成为一个能够被扶起来的人吧；如果有人倒下，那么就成为一位可以伸出援手的人吧。因为，这样的人生会更快乐，更容易实现梦想。

18

找到安心的社交距离，告别『社恐』

我从某位医生那里，听到这样一句话："人身上有安心的穴位和恐惧的穴位。"据说"安心穴位"在耳后，"恐惧穴位"在后脑勺的位置。

我是在迪奥工作的时候，才弄明白有关"穴位"的这句话。

请你想象一下百货商场里化妆品的柜台。大部分情况下，店员和顾客都是隔着柜台面对面进行销售。这样一来，不仅顾客和店员之间有明显的分界线，而且客人的背后是走道，会有来往的人。很多人后脑勺的恐惧穴位在外界刺激下无法冷静下来。

我感觉前来购买化妆品的顾客，大多数不光在肌肤方面抱有烦恼，心灵上也有困惑，因此**我认为让顾客感觉到安心，是待人接客时非常重要的一点。基于这样的考虑，我就废弃了之前面对面的接待方式，直接让销售员站在顾客的旁边，因而贴近了顾客的耳旁，接近“安心穴位”**。与顾客之间的距离一下拉得很近，能够一起看到镜子里的样子，甚至可以轻触顾客的肩膀，与顾客对视。顾客也就可以轻松自在地去试用商品。

在我自己的美容沙龙里，我也会特别注意尽量不大声说话。特别是顾客的后脑勺正对着我的时候，如果顾客心中惴惴不安，想着“她到底在干什么？她要给我做什么”，那么身心就无法放松，护理效果也会减半。

接待顾客时轻轻抚摸顾客的肩膀非常重要，因为这种肌肤接触，能够缩短与顾客之间的距离，也能让对方放松。但有些顾客不太喜欢肌肤接触，这时候就需要积累经验，培养能够读懂周围气氛的能力。

如果你记住了“安心穴位”和“恐惧穴位”，那么你就会慢慢看清在与别人接触时应该注意的很多事情。例如，你领着顾客或是上司去坐的“上座”，基本上都是离门最远、后背靠墙的地方。因为那是不会刺激到“恐惧穴位”的地方。有一些年轻人特别厌恶形式上的东西，但这些礼仪和规矩都是有其道理和渊源的。

19

皮肤好不好跟脑子里在想什么有关

我的

美丽人生

你知道皮肤被称为“第三脑”吗？我一直非常重视“皮脑同根”这个词，不断向大家传达。

皮肤和大脑在根部紧密相连，所以我们的思想和皮肤都是相通的。

丈夫去世时，我因为过度悲伤，导致皮肤变得“破烂不堪”，皮肤重获新生时，我特别重视的也是内心想法的转变。

我是这样对我的皮肤说的：“对不起，我这么长时间对你置之不理。以后我会好好保养的，请重新恢复美丽吧。”为了能把这句话传递给身体的所有细胞，我从心底里注入了爱，不断护理着皮肤。

我在给顾客护理皮肤时，也一定是一边向皮肤倾诉，一边发挥自己的技艺全身心地为顾客做护理。因为顾客把自己全权交给了我。

皮肤既是一种活着的生物，又是我的分身，我对皮肤说话，给予皮肤所需要的和所想要的东西。如果你打心底想变漂亮，那么皮肤一定会回应你的，因为皮肤会明白你想要的东西。

想让皮肤变美丽，既不需要昂贵的化妆品，也不需要特殊的技法，最重要的一项，是“想要变美”的愿望。如果没有这个想法，只是漫无目的地使用化妆品，是绝对无法得到梦寐以求的美丽的。

我的像地狱一般的皮肤发生变化，是大致 3 个月以后。干巴巴的皮肤恢复了水分，也有了苏醒过来的手感。脸上的斑点、皱纹、松弛感慢慢消失，皮肤恢复了弹性和光泽。这是信念的复活。

除了“皮脑同根”，我还感到“皮肤与肠道是一体的”。肠道被称为“第二脑”，肠道的状态与皮肤的状态紧密相连。一旦便秘，皮肤就会变得粗糙，我想大家都有过这样的经历吧。

说起这句“皮肤与肠道是一体的”，我想起在以前的企业演讲会上，理化学研究所的辨野义己[①]老师曾这么说：

“就像皮肤与大脑同根一样，皮肤也是反映肠道的镜子。因此，如果你想拥有干净的皮肤，想拥有漂亮的脸蛋，那么肠道必须保持干净。就算再粉饰外表，剖开里面如果是黏糊糊、黑漆漆的东西，那离真正的美也还很远。”

在使用化妆品之前，首先要关注身体内部。以上是我一直坚持给大家宣传这一点的原因。

---

① 辨野义己，日本临床肠内微生物学会理事，日本理化学研究所创新推进中心辨野特别研究室特邀研究员。致力于研究肠道细菌和细菌间的关系、肠道环境和微生物分类学，运用 DNA 解析法发现了多种肠道细菌。曾获日本文部科学大臣表彰、科学技术奖、日本微生物资源学会“学会奖”等，被称为“便便博士”。代表作有《大便通》《用双歧杆菌改善花粉症》等。——编者注

70
Welcome!
CHIZU

20

保持好皮肤的两种『神仙食材』

要想皮肤变得干净漂亮，首先身体内部必须干净才行。

常言道“医食同源”。通过吃一些身体喜欢的美味食物，就可以起到保养的作用。因此，厨房对于想让皮肤变美的人来说就是药房。就像“食”这个字，就是由“人”和“良”组成的。

那应该吃什么才好呢？这是需要自己去寻找的，比如适合自己的、自己身体喜欢的、吃掉之后身体会变好的食物。价格贵、品牌好，甚至是从朋友那儿听到，都只是一种信息，只有自己感受到好吃才是最重要的。如果只是为了果腹，那别说是供给皮肤，连自己的内心也就马马虎虎应付过去了。

这其中基础的食物便是应季食材。应季的蔬菜，能够帮助我们预防当季很有可能患上的疾病，为我们提供充足的养分，让我们轻松愉悦地度过某个季节。比如，到了出汗多的夏季，饱含水分的蔬菜便是应季蔬菜；到了寒冷的秋冬季节，能够让身体变暖的根茎菜就会成熟。现在这个时代，虽然一年四季都可以吃到各种各样的蔬菜，但实际上只有应季的蔬菜才蕴含了大地的养分。

对我来说，帮助我调理身体的有益食材之一便是生姜，这是我家常备蔬菜中的“国王”。生姜有发汗、调节肠胃、杀菌、祛热等对身体有益的功效。当我觉得有些感冒的症状，或是疲劳过度的时候，就会在马克杯里放一块黑糖，倒入生姜榨成的汁，再冲上热水，一杯在家自制的饮料就完成了。

喝了这个，身体就会变得暖和，钻入被窝捂出汗到睡衣湿透的程度，然后再换一套衣服重新反复几次，第二天就会像往常一样，精力充沛地度过一整天。

中国传统医学中有“未病”一词，指的是虽没有到生病的程度，但身体处在不断向病情发展的状态。总觉得自己身体不舒服的人大概就是“未病”吧。我的这款黑糖生姜汤，正适合治疗“未病”！请你一定要试一下，在炎热的夏季，可以放一些生姜丝到碳酸水中饮用。

有时我甚至在酸奶中放生姜。总之，生姜在我的美容食物里是不可或缺的存在。还有，**无论吃什么，美味非常重要。因为，就算是对身体再好的东西，如果不美味，就无法长期坚持。**

“未病”这一词，也适用于美容。如果你想要让脸上的褐斑变浅，与其涂上厚厚的美白霜，不如重新考虑一下预防褐斑出现的防紫外线措施更有效。“美容论即预防论”是我的一贯主张。

饮食就是生活，变美与饮食亦相同。

21

你过去的人生都写在你的脸上，与美丑无关

我一直在给大家讲，脸上集中了身体的各种信息。

人一旦过了 60 岁，脸上长皱纹是非常自然的事情。但进入“老春”之后，最关键的是**这个人到底走过了怎样的人生，这些都是会写在脸上的，与外表的美丑完全无关**。无论在别人看来多么美丽的人，如果她的生活经常笼罩着阴云，她的脸也会变得阴沉。

一直笑着过一生的人，她的眼角处就会出现美丽的鱼尾纹。从来不介意紫外线一直风吹日晒的人，相应的褐斑也会变得比较显眼。

同样，不要忘记，生活方式这个内在的因素也会塑造你的面部。我每次去见一个人，都可以从她的面部了解她当前的状态。

例如我有时候会想：

“这位看上去有点便秘，肠道不太好，可能是肠胃消化不好。”

“现在她的精神非常疲乏。”

“毛孔粗大是因为饮食过量哦。”

“每次都是匆匆洗澡，从头发开始洗吧。”

……

我看一下这个人的脸，就能大体了解她在吃什么、内脏的状态怎样、生活习惯如何等等。

有时候顾客会因为我问了一句“你来例假了吗”而感到非常惊讶，那是因为我知道在生理期吃药的话皮肤会显黑。

我美容工作的 90% 的时间都是在做咨询顾问，例如从顾客的面容读出她的身体状况等，如果不能掌握这位顾客当前最需要什么，就无法进行真正有效的护理。

大家每天早上也要仔细用镜子检查一下。

例如“昨天是不是因为喝多了，脸上长了个小脓包”“最近在外面吃饭太频繁，肠胃疲劳反映到皮肤上了”。就像这样，如果你能够理解脸部的一些信号，就能明确在日常的护理中应该做些什么，同时也会让你的生活更加规律。

脸是心灵的证书，是健康的病历卡，也是你自己生活历程的镜子。

22

举止得体是气质的关键加分项

日本的女性多只注重肌肤和脸部的美丽，除此之外的很多事情都是往后推的。

与面容一样能够表现出生活方式的，我认为是鞠躬和姿势。当我看到有的人跟别人打招呼时只是频繁点头，有的人脸部化的妆非常精致，却弓着背、松垮懒散地走路的时候，都会感到非常遗憾。

我在教给学徒佐伯式美容法的同时，也会贯彻鞠躬一定要深、要恭敬的理念。但我并不是教给她们形式上的一些动作，因为那样没有任何意义。至关重要的一点是思考为何要去鞠躬。如果能够理解其中意义，就会自然而然地深鞠躬。

能够态度端正地跟对方打招呼，是获取对方信任的第一步。特别是有的学徒年龄小，有些顾客就会单单因为这一点而拒绝。但如果你能够端正地跟顾客打招呼，恭敬地向对方鞠躬，顾客就能感受到你是怀着诚意去迎接她，她就能够接受你。如果在最开始打招呼时，让顾客存有疑心和不安，那后期的印象就很难改正，给顾客做护理的时候也不会太顺利。

向对方鞠躬也是为了了解对方。通过鞠躬，能够看到对方的鞋子、手里的包以及穿着的衣服，如果知道对方是一位怎样的顾客，后面的对话也就会相对顺利一些。而如果只是漫无目的地聊天，鞠躬也就可有可无，但这样会让对方一眼看穿。

举止同样会把人表现得淋漓尽致。当我们听别人说话或是乘坐电车的时候，周围 360 度都能看到，包括每个人走路的姿势、端坐的姿势……当一位女性叉开双腿坐着，或是弓着背走路的话，妆化得再漂亮也是徒劳。

不能端正地鞠躬、无法保持良好举止的人，说话的时候有可能会含混不清，聊天聊不到一起。**如果你想从内在发生改变，就要学习毕恭毕敬地鞠躬和保持良好的姿态，这样内心的修养也会变好**。

请你谨记自己时时刻刻都沐浴在别人的目光里。稍成熟些的女性都特别在意背上的肉。即使瘦，穿上过紧的内衣的话，背部的肉也会勒出来。还有请你检查手肘和指尖等细节有没有打理好呢？因此，在你出门之前，不要只观察脸，还要360度无死角地检查全身。

端正的鞠躬与良好的姿态，将为我们带来幸福与美丽。

23

别把不想做的事『甩锅』给年龄

“已经到年龄了”，是我最讨厌的一句话。“已经到年龄了”这句话实际上是封印自己的任何可能性的诅咒，是恶魔在你耳边的窃窃私语。如果你觉得说的就是你，请立刻、马上把它变成你的禁忌词汇，切换一下心情吧。

当你有了想要做的事情，但又特别在意自己的年纪的时候，千万不要马上放弃，而要想一想怎样做才能实现。积极地去面对、去思考，这样会更有趣。

我特别喜欢住宅展览，我还在化妆品公司里供职的时候，往往会为了排遣压力而去参观住宅展览。想着“自己什么时候才能住上这样的房子”“我也想要这样的室内装修”……看的过程中都感觉不到时间的流逝。

我把对住宅展览的喜爱告诉了住宅设计公司的人，竟得到了一份与建筑相关的工作。那是一个叫“Labo”的住宅空间设计公司给我的工作。我心中一直有个想法，把“日本人在丰富多彩的四季中形成的感性，传给下一代”，梦想着打造拥有“五感教育”的房子。

实现我这一梦想的便是 Labo 公司。房子的柜台选用的是树龄超过三百年的杉树，柜台有着与树龄相应的质感与芳香，用手触碰会获得整个感官的刺激……就像这样，用上了在日本房子里自古使用的木、土、石和纸等自然素材，完成了我理想的房子的设计。

当你追求自己想做的事情时，你就会发现自己在这方面出类拔萃，这会成为打开新的可能性的契机。

即使不工作也要每天用心发挥自己的“五感意识”，这对于刺激身心、保持年轻是非常重要的。

“五感意识”是我的原创词汇，指的是“观、听、嗅、尝、触”这五种感官的感受。

喜欢看电影、看画、欣赏照片、参观神社佛阁、参观日本古都等，这是“观”；

喜欢听音乐、享受乐器演奏、听自然山河的声音，这是“听”；

喜欢闻茶香、花香、焚香、香氛，这是“嗅”；

喜欢品尝食物、找寻美味、探访餐馆，这是“尝”；

喜欢布匹的手感，喜欢手织刺绣，喜欢接触动物、栽培植物，这是“触”。

怎么样？找到自己喜欢的了吗？

不要被“已经到年龄了”这句话束缚，请把目光投向自己想做的事情。年龄，就算是倒着减也无所谓。这样想的话，是不是觉得心情也变年轻了呢？

24

手指被门夹断的至暗时刻

我的

美丽人生

对于走在美容之路上的我来说，手非常重要。我去上美容学校的时候，听到“用自己的双手，让女性变美丽”这句话，就非常有感触。

记得当时从学校毕业后，在牛山喜久子老师的沙龙里当起了实习生，负责美甲的老师在教我手部按摩的时候对我说：“你的手软乎乎的，摸起来真舒服。”

到了第二天，竟然被点名去给顾客做按摩。因为是第一次，所以感到非常紧张。我使出浑身解数，前后加起来做了大概 15 分钟的按摩，听到顾客说“你的手真让人感到舒服”，而且还说下次还要拜托我。

这给了我巨大的自信，让我更爱自己的手了。

我感到**没有比用自己的双手让人变漂亮更开心的事情了**，然而，就是这样一个我，遭遇了事故。

有一天，我想着要打开门窗通风换气，突然刮起一阵狂风，玄关门“砰”的一声关上了。我当时手放在了门上，回过神来发现手在喷血！我断掉的手指还紧贴在门上。惊慌失措的我一瞬间甚至忘记了疼痛，傻傻地愣在那里。等我恢复意识，强烈的疼痛袭来，我战战兢兢地看着自己的手，发现左手中指从第一关节往前都没有了。我把断掉的手指使劲按在出血的中指上，心里祷告着一定要好起来，然后呼叫了救护车。救护人员过来后都很惊讶，我竟然在这种状态下都能打电话过去。

我被送往医院时，医生表示恢复到原样几乎不可能，让我放弃。但我不能放弃。这是我工作中特别重要的手指。

我恳求医生说：“我的工作需要这双手。指甲我可以放弃，但手指务必帮我接上。”因为手上少一根手指，按摩的效果都会减半。我已经为此拼上了命。

听了我的话，医生表示可以尝试，但不保证结果。

最后手指虽然变短了一些，但最终还是接上了，而且指甲也长了出来。

现在这根手指有时还会发麻。但如果这根手指当时没有接成功，想想都觉得可怕。可想而知，手对于工作的人有多么重要，大家一定要**对拥有健全的双手心怀感激**。

在日语中，手有诸如“手当（劳动津贴）”“加工、照顾”这样的含义，这就是日本的“手文化”。握手也正是因为手和手的重叠能够进行心灵的交流，所以才被重视的吧。自己的手能够让自己骄傲，这将成为生存下去的巨大力量。

美容的
终极奥义在手上！

愉悦肌肤的佐伯式美肌法

想要拥有干净美丽的皮肤，并不一定要买昂贵的化妆品。关键在于如何使用，用好了才能充分发挥化妆品的力量。

手，是激活肌肤的最佳工具。无论你是干性皮肤还是油性皮肤，甚至老龄化皮肤，佐伯式美肌法都能让肌肤光彩如初。

佐伯式护肤法的精髓　每天 3 分钟恢复润泽肌肤

基础的化妆水面膜

化妆水面膜的目的在于整顿肌肤，让肌肤充满水分，起到镇定作用，帮助之后使用的化妆品更好地渗透和吸收。使用面膜，可以清洁毛孔中的脏东西，形成水分通道，让肌肤更具吸收力。每天都坚持使用，肌肤绝对会发生改变。

化妆棉用水浸湿，两手夹住，轻轻挤出水分。

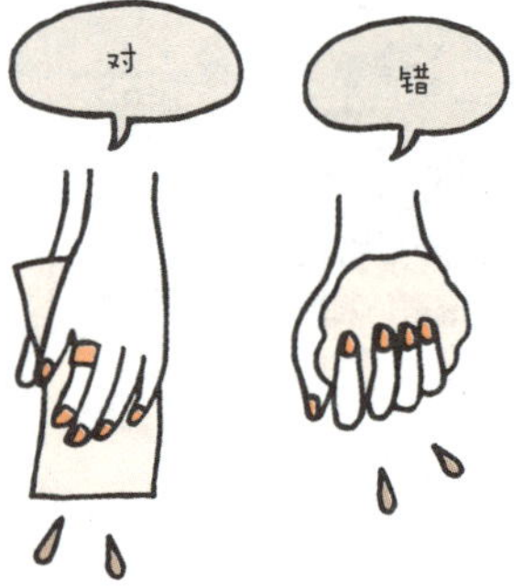

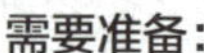

需要准备：

- 大片化妆棉一张
- 化妆水
- 水

2 在第 1 步中的化妆棉上，挤 5 到 6 滴 500 日元硬币（比人民币 1 元硬币稍大）大小的化妆水，折叠后使其浸透整张化妆棉。

3 确认第 2 步中的化妆棉的纤维分层，把它分成三层。

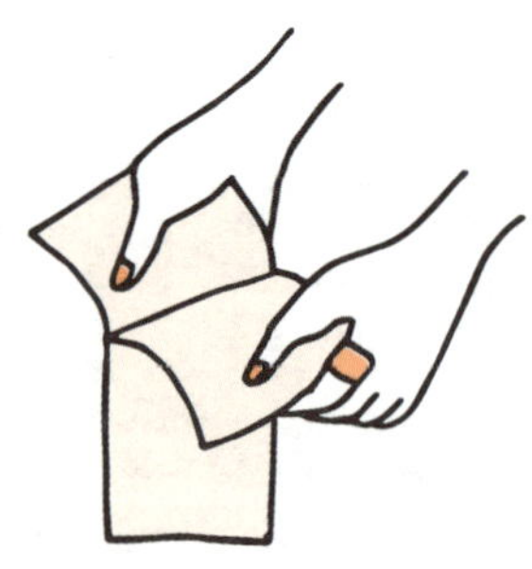

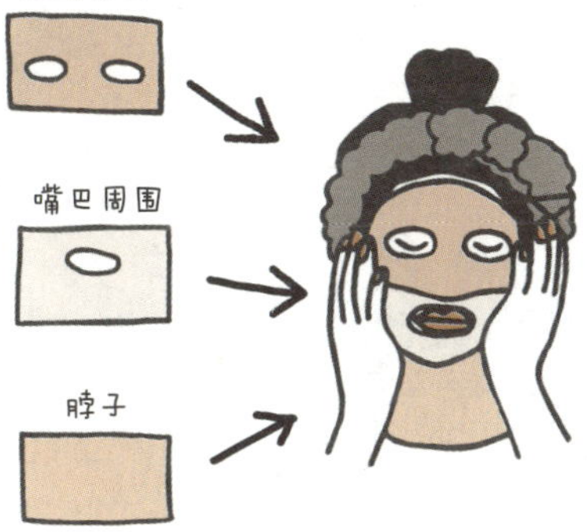

三片化妆棉配合贴的位置留出“洞”，分别贴在三个位置上。

第一张：贴在从鼻子到下巴的位置。嘴巴露出来。贴的时候注意挤干净空气，让面膜紧密贴合面部。

第二张：贴在从额头到鼻子的位置。眼睛露出来。贴的时候注意挤净空气，紧密贴合。

第三张：贴在脖子上，贴的时候注意挤净空气，紧密贴合。

保持三分钟。

从上而下，折叠式摘除。

6

用手掌包裹脸部，感受肌肤润泽，富含感情地按压。

变换花样！

可以把第三张化妆棉，剥离成两张贴在从脸颊到耳垂的位置。

对部分浅色褐斑进行护理

美白二段面膜

当皮肤出现浅色褐斑的时候，用美白二段面膜来应对。

1

在需要改善的部位敷上化妆水面膜，再贴上保鲜膜。

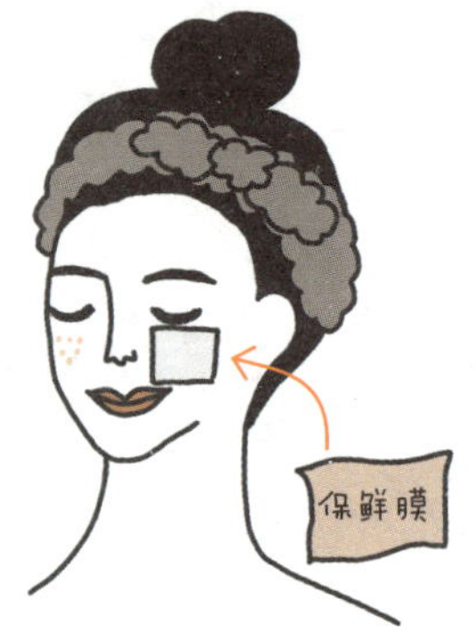

需要准备：

- 卸妆面膜
- 化妆棉
- 化妆水
- 水
- 保鲜膜

2

去掉第 1 步中的面膜，为了能够吸走黑色素，使用卸妆面膜敷在褐斑部位。上面再敷上保鲜膜，静候 5 至 30 分钟。敷完面膜，用打湿的化妆棉擦拭干净。

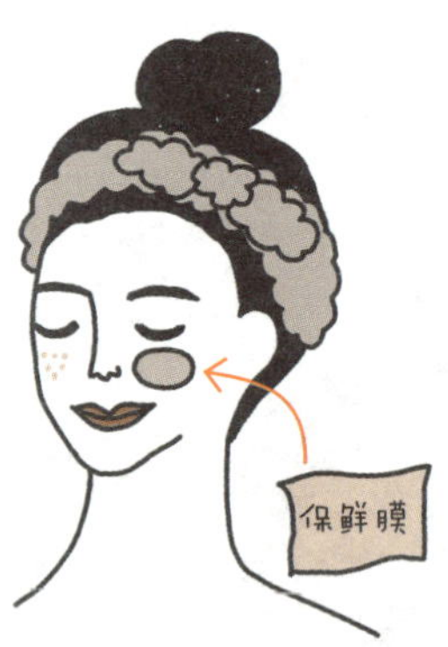

对常年积累的深褐斑，要耐心护理

美白三段面膜

对有年头的深褐斑，要使用美白三段面膜进行耐心的护理。

1 使用磨砂洗面奶清洁，去除角质层。这样可以提高美白面膜的效果。

需要准备：

- 卸妆面膜
- 化妆棉
- 化妆水
- 水
- 保鲜膜

2 在想要清除的褐斑上敷化妆水面膜，其上再敷上保鲜膜，静待3分钟。也可以用基础的化妆水面膜敷全脸。

3 摘掉第2步的面膜，敷上卸妆面膜。在上面再敷保鲜膜，静待5至30分钟。敷完面膜，用浸湿的化妆棉擦拭干净。

花多长时间上妆，就花多长时间卸妆

眼部和嘴角的清洁

眼睛周围和嘴角非常敏感。如果残留了化妆色素，那么就会成为暗沉的原因。为了不让色素扩散，要温柔小心地卸妆。

● 眼睛周围卸妆 ●

1 在用水浸湿的化妆棉上，滴上500日元大小的眼唇卸妆液，让化妆棉和棉棒充分吸收。

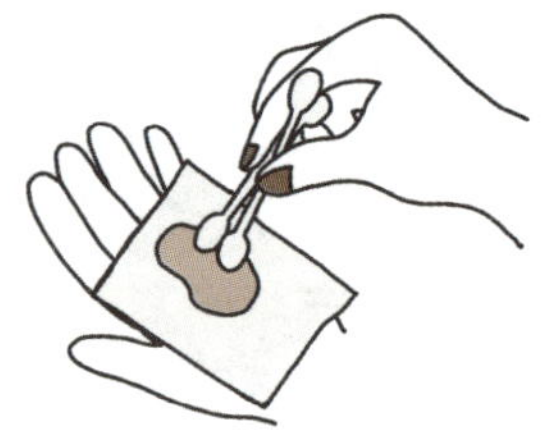

需要准备：

- 化妆棉3张（眼周2张，嘴角1张）
- 棉棒2根
- 眼唇卸妆液
- 水

2 化妆棉沿着纤维层分成两张，用于敷眼周。剩下的一张，直接用在嘴巴周围。

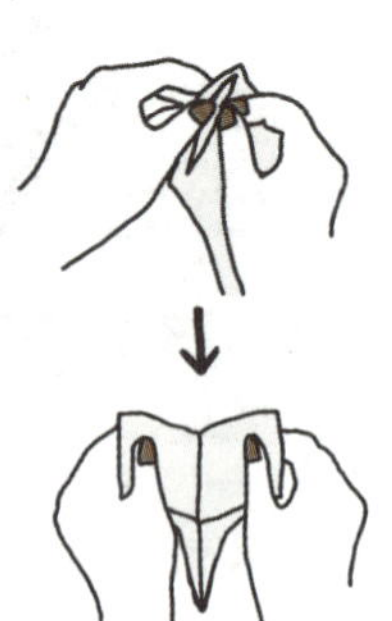

3 将从眼周摘下的一张化妆棉叠成三角形，敷在右眼下眼睑处。

将另一张化妆棉从眉毛一直贴到眼睛下方位置，覆盖右下眼睑的化妆棉，使其充分融合。

5

使用第 4 步中的化妆棉，从上眼睑滑到下眼睑，卸掉眼妆。

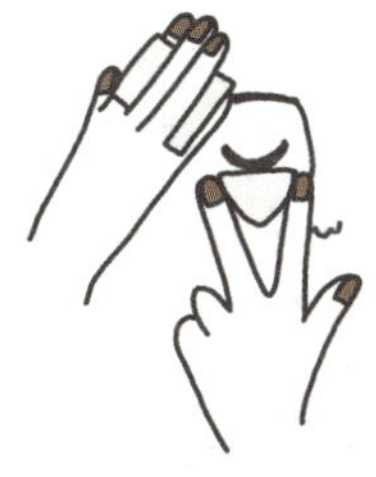

6

把化妆棉干净的一面折在外面，沿着眉头到眉梢的方向擦拭上眼睑和眉毛上的妆。

7

使用化妆棉折成三角形后的角，擦拭眼妆。为了不产生皱纹，一定要一步步轻轻来。

8

使用棉棒清除在第 7 步中没有清除掉的细微处眼妆残余。泪沟的地方很容易有残留，因此要认真卸妆。

9

最后一边用化妆棉擦拭下眼睑上的残留一边取下。为了防止产生皱纹，按住太阳穴进行。另一只眼睛也进行同样的操作。

唇部卸妆

唇部用的化妆棉对折后敷在嘴唇上，使其充分浸透。

2 用手指夹住化妆棉，为了避免出现皱纹，使用另一只手按住嘴角，从按住的嘴角一侧开始往另一侧擦拭唇妆。

3 取出化妆棉干净的一面，从另一侧重复第 2 步。

4 取出化妆棉干净的一面，折成三角形，一边用另一只手将嘴唇的竖纹伸展开来，一边竖着移动化妆棉擦拭皱纹内的唇妆。

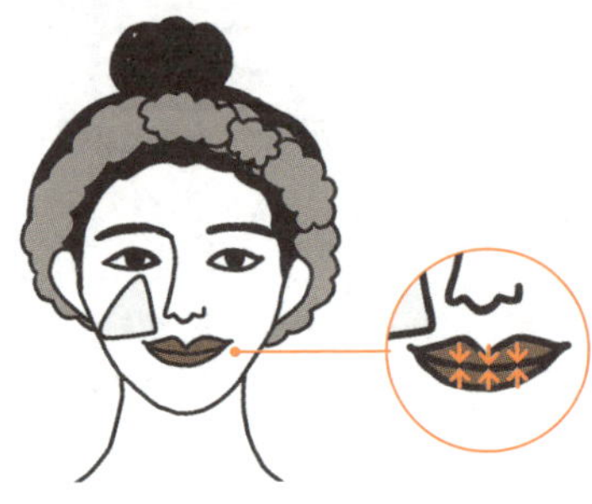

5 紧闭双唇，擦拭干净上下唇之间的唇妆。

干净的卸妆才是夜间护理的重中之重

卸妆

卸妆最好使用卸妆乳或卸妆膏。
既要让脏污浮出表面，又要避免摩擦，
重点是手要轻，要温柔。

需要准备：

- 卸妆用品
- 化妆棉两张
- 水

1 取樱桃大小的卸妆膏放在手心，用另一只手的指尖顺时针拌匀使之变热。

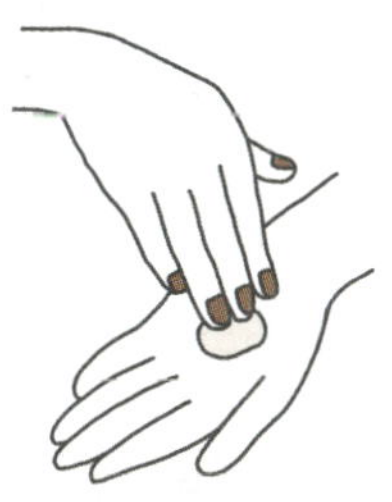

2 把卸妆膏分别点在右脸颊、左脸颊、额头、鼻头、下巴这五个部位。留在手心的卸妆膏，用两手揉搓。

3 按照如下顺序进行卸妆。

① 从下巴的中间到耳朵的根部
② 从鼻翼一直到耳前
③ 从眼角到太阳穴
④ 右手从鼻梁向上推到额头
⑤ 左手也要从鼻梁向上推到额头

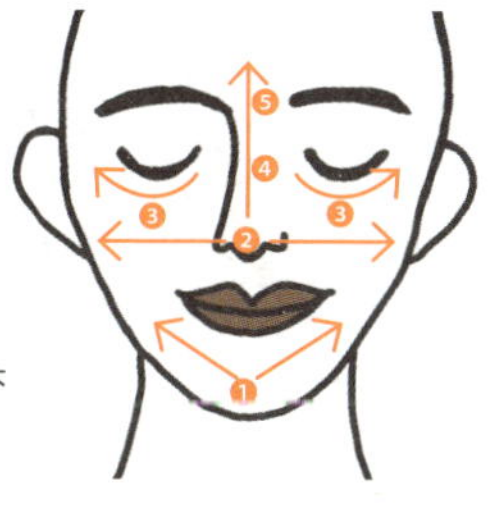

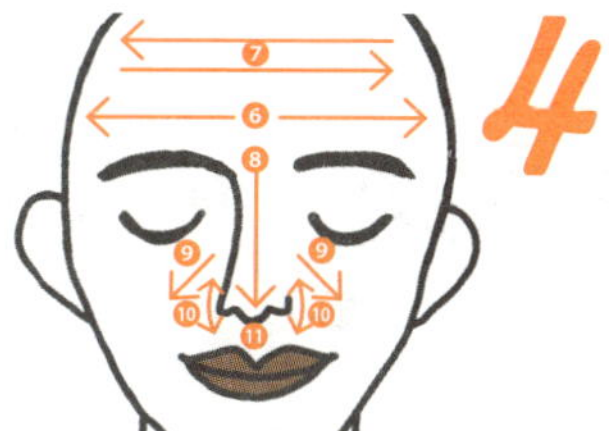

4 ⑥ 从额头中央到太阳穴
⑦ 额头先从右向左，再从左向右滑动清洁
⑧ 右手从鼻梁向下走，左手也同样
⑨ 用指腹温柔地清洁鼻子侧面
⑩ 用指尖温柔地清洁鼻翼
⑪ 清洁鼻孔周围

5 ⑫ 以鼻子下面为中心到八字纹
⑬ 从下巴的中心到嘴角
进行 3 次 ① ~⑬
⑭ 最后沿着 3 中 ① 的方向，清洁耳朵、脖子

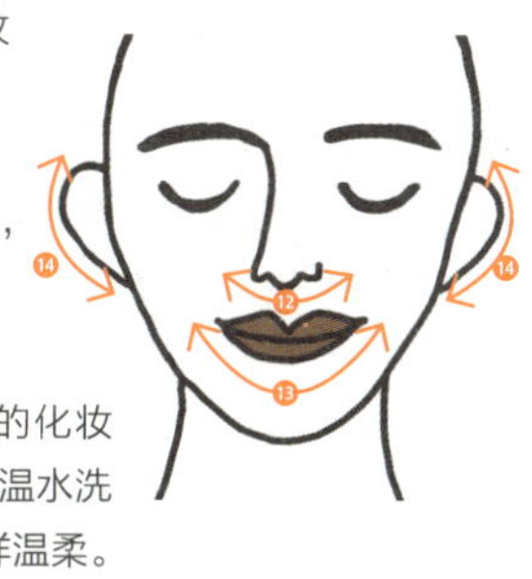

卸妆膏完全渗入后，使用两张浸湿的化妆棉，按照第 3 步温柔地擦拭脸部，用温水洗净 20~30 次。关键在于像洗豆腐一样温柔。

清理积存污垢，使肌肤变得美丽

磨砂膏

需要准备：

- 脸部磨砂膏
- 洗面奶

我们的肌肤每天都在重生。
在剥落的角质中混入汗液和皮脂等分泌物，
会使皮肤积存污垢。
定期使用脸部磨砂膏来保持肌肤的美丽吧。

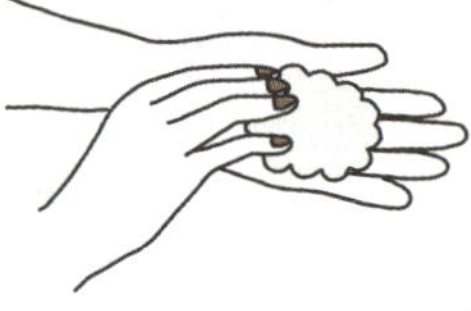

1

将洗面奶在手上充分起泡，然后加入商品说明中标识用量的脸部磨砂膏，搅拌均匀。按照卸妆（上页）的步骤进行清洁。

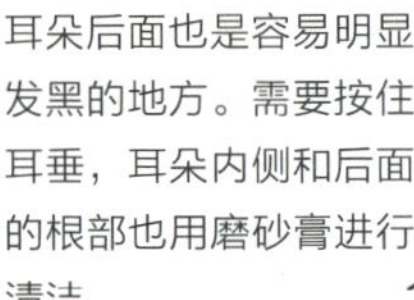

2

在容易堆积污垢的嘴角旁边涂上磨砂膏，来回揉搓进行护理。

3

上眼睑皮肤很脆弱，所以要避开，在眼角处使用磨砂膏。用一只手按住太阳穴，另一只手揉搓磨砂膏。

4

卸妆时容易忽视的发际线部分也要注意清洁。

5

耳朵后面也是容易明显发黑的地方。需要按住耳垂，耳朵内侧和后面的根部也用磨砂膏进行清洁。

6

大家大多讨厌耳朵进水，耳朵很容易留下卸妆膏之类，因此要反复仔细清洗。

一周一次预防松弛的豪华面膜

乳霜

需要准备：

- 乳霜（润肤霜效果更好）
- 化妆水
- 保鲜膜
- 化妆棉

想用保养的方法弥补随着年龄增长而失去的弹力的时候，对深层真皮护理是不可或缺的。我们可以一周使用一次添加了乳霜的豪华面膜，让松弛的肌肤充分补给水与油，让肌肤恢复弹性。

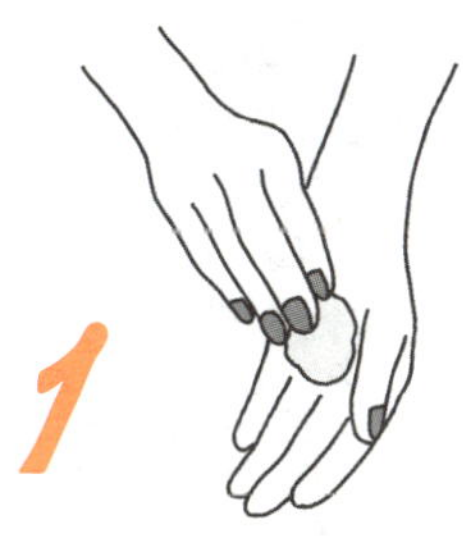

1

因为乳霜要用来敷面膜，所以用量比平日要多，差不多有葡萄粒大小。在脸上抹匀的时候，尽量不要使其渗入，整个面部皮肤变白即可。用手掌焐热。

2

把乳霜均匀涂抹在刚刚洗净的脸上。用手掌包裹住脸部，用自己的体温促进乳霜中的美容成分吸收。

在用水浸湿的化妆棉上滴上化妆水，撕成两片，在眼睛、鼻子、嘴巴部分开个洞，贴在脸的上半部分和下半部分。

4

将保鲜膜分成两半，轻轻盖在脸的上半部分以及鼻子和嘴的部分。由于蒸汽效果，乳霜的美容成分更容易渗透到皮肤中。

5

3 分钟后取下保鲜膜和化妆棉，让皮肤上残留的乳霜充分吸收。

如何用双手发挥出美容液的效果

软质美容液

美容液能将骨胶原、弹性蛋白、透明质酸等
肌肤弹性不可或缺的成分直接送到真皮。
借助手掌的力量，发挥出美容液的最大效果。
要像把软质美容液挤进瓶子里去一样使其渗透到肌肤里。

需要准备：

- 美容液

1

按照商品说明书上的用量，取适量美容液在手心，用另一只手画圈使其温热。用量过多或过少都会让效果降低，所以一定要适量。

2

把美容液倒在手上，分别点在右脸颊、左脸颊、额头、鼻头、下巴这五处。按照第135页中卸妆的步骤均匀地涂抹到整个脸部。特别是眼睛下方和有皱褶的地方，一定要仔细涂抹。

3

整个脸部都涂抹了美容液后，用双手按压脸。用手指的整个指腹慢慢地施加压力，紧紧地按压。不要用手指揉或画圆。

焐热后慢慢渗透到皮肤里

硬质美容液

质地较硬的美容液，相比软质美容液，更需要仔细焐热。
美容液应定期更换种类，
会对皮肤产生良性刺激，更有效地恢复肌肤活力。

需要准备：

• 美容液

2

把美容液倒在手上，分别点在右脸颊、左脸颊、额头、鼻头、下巴这五处。用与软质美容液相同的方式均匀地涂抹到整个脸部。用大拇指和食指夹住耳朵，按压耳下腺。

1

取适量于手心，合掌使其温热。比起软质美容液，要慢慢焐热，等到质感变软为止。

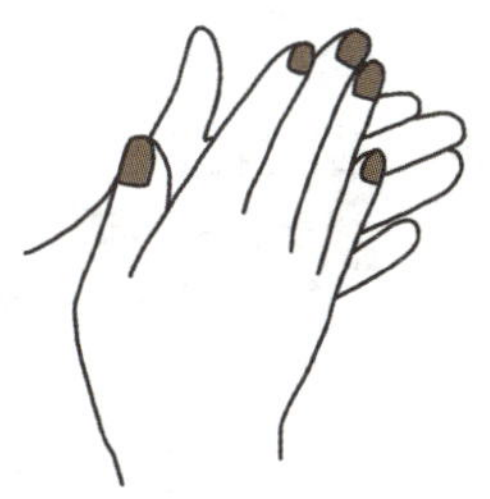

3

将耳朵向上、横、下拉，用手指按压耳朵内侧。改善整个脸部的血液循环，提高美容液的渗透力。

提升新陈代谢　改善血液循环

泡澡方法

在每天不经意地泡澡的过程中，也藏有变美的秘密。先从脸和头发开始洗的人，或是平时光是淋浴的人，热气就会冲上头部，或是不能慢慢地泡在浴缸里的人，平时下半身会很冷，但是上半身会因为发热而容易变成红脸。让我们改变一下洗澡方式，从下半身开始，让全程都变成舒服、温暖的洗澡时间吧。

佐伯式泡澡法

① 最好在泡澡前完成卸妆与洁面。首先用温水浇在身上，再在浴缸里泡下半身。

② 出浴缸洗下半身，再入浴缸泡澡。

③ 出浴缸洗上半身，再入浴缸泡澡。

④ 最后洗头发。泡澡前没有洗脸的话，在这个时候洗。

⑤ 把所有部位冲洗干净后，往脚上浇凉水。这样一来，就可以让上半身的热向下走，保持全身温热。

浴室伴侣——军用手套

军用手套在洗头发和身体的时候非常方便。选材质的时候就选纯棉的。戴着军用手套洗澡，能把脚趾缝等“犄角旮旯”的地方洗得非常干净。洗头的时候，如果一边按照抓头皮的要领向上拉伸，一边做按摩的话，血液循环也会变好，可谓一箭双雕。

佐伯千津想告诉大家的

五大美丽原则

这是我在保持自身美丽时一直留心的事情，
也是一直以来向大家倡导的五大美丽原则。

1 **应季饮食**

每样应季食物都是有意义的。通过品尝四季不同的时令味道，可以让我们健康地度过该季节。

2 **对称咀嚼**

要改正用单边咀嚼的坏习惯，尽量两边保持平衡地咀嚼。

3 **重视五感**

让你的味觉、嗅觉、视觉、触觉、听觉感受喜悦。

使用双手

日本强调双手的文化。能够平衡使用双手，大脑也会变得更健康。

坚持不懈

有很多女性不太擅长坚持，但坚持不懈确实能够获得很多。

还有一件重要的事情
滋润心灵

如果你拥有喜欢的东西，让人觉得可爱的东西，身体就会流淌出“免费的美容液”——被激活的雌性激素是美丽的源泉。

25

变美的关键在于刻意练习

我的

美丽人生

现在就想变漂亮的人，应该做些什么呢？我认为最重要的一点就是“刻意练习”。**如果漫无目的地生活，那么无论是脸还是整个人生，都只是在无意识虚度光阴而已**。拿我自己的亲身经历来举例。丈夫去世后，我的皮肤变得不堪入目。最终是我坚持刻意地去保养，才使得皮肤重获新生。工作方面也是如此，为了能够在牛山老师的沙龙里工作，我刻意练习洗发技术；在迪奥的时候，为了培养销售人员，不拘泥于以往的惯例，有意识地进行了改革。刻意还是不刻意，人生将会有很大差别。

举个例子，吃饭在生命中非常重要。但如果你带着目的地去吃，自然而然地就会意识到如何去吃。比如，如果你想吃对皮肤好的食物，那就会刻意地吃发酵食品。如果你想让营养更好地吸收，让面部两侧更加平衡，那就会刻意用两边的牙齿咀嚼食物。如果无意识地将手边的食物随便糊弄着灌入肚子里，营养也不会被吸收，也许你原本就不想吃有营养的东西。护肤品也一样，如果只是买别人推荐的，或是觉得越贵越好，就永远找不到自己真正需要的。

若问首先要意识到什么，那就是“自己”。意识到自己的皮肤，意识到自己的内心，意识到自己的梦想和愿望，意识到自己的目标以及该如何走完剩下的人生……重要的是要撇开别人的意见和社会价值观的尺度。当有意识地理解了自己之后，就要刻意去想为了实现它要做什么。

例如，为了让皮肤变好，就要考虑应该吃什么样的食物，应该做什么样的护理，还要考虑原本自己的肌肤到底处在什么样的状态。为了磨炼和提升自己，就要考虑应该如何去工作、如何和别人接触……想要接近理想中的自己，想要实现自己的梦想，需要刻意去做的事情实际上数不胜数。

如果关注点总是落在消极事物上，那有可能是因为内心有自卑感。像我就有长满雀斑的脸、微胖的体型、粗壮的脚脖……浑身上下全是让我自卑的集合。

越是在意这些，就越讨厌自己。

我二十几岁的时候白发突增，成为我一大心事。为了遮盖白发，我费尽心思去染发，但没过多久白发又会探出头来。这个过程无休止，弄得自己身心俱疲。我的价值观发生改变是在因丈夫工作调动我们去美国旧金山居住的那段时间。美国真是人种的大熔炉，光是头发颜色就有金色、褐色、黑色等，不光头发，皮肤颜色和瞳孔颜色也是各不相同。这些都显示着每个人的个性，光芒四射的每个人都充满魅力。

我下决心："不一样也没事！我以后再也不染了！"我只是讨厌白发变成黄发，就开始用一次性染发剂把头发染成紫色。每天洗头的工夫就可以完成，所以一点都不费事。大家想起佐伯千津的时候，脑海里会不会浮现出紫色的头发呢？就像我这样，可以把自卑的地方改成独具特色的标志。世界上无论多么美丽、多么成功的人，都多多少少会有一些心结。不同的是，你自己如何去解开这些心结，的确是一场意识革命。

请大家务必不要在刻意方面偷懒。在你无意识中塞了满口巧克力之前，一定要刻意想一想今天吃过什么，这样心里就会这样想："刚才吃过点心了，所以今天就不吃了""虽然肚子有点饿，但还是吃一些有营养的食物吧"，行动也会随之发生改变。

26

在别人看不见的事情上也不要凑合，取悦自己更重要

你是不是爱说“反正”的人？

反正已经到年龄了。反正已经是老太太了。反正我不懂……

这些话有可能带有一些谦恭的味道，但如果你有这样的口头禅，请立马停止！

我曾经说过，把梦想挂在嘴边将有助于实现梦想，那是因为，语言中蕴含着力量。反过来，当你使用“反正”这样消极的词时，其实也是在给自己暗示。

不久，身体和心灵都会变

成与“反正”相符的一个人，这样下去真的可以吗？

“反正”是一个会让人放弃的词。放弃就是人生的毒药。

曾经有位男性主持人说自己上节目前都会化妆。虽然是广播电台，大家都看不见他的脸，就算是不化妆也没有任何问题，但他说，**化了妆，自己心理上就感觉不一样**。**女性朋友应该深有体会吧**。

反正别人看不到，所以就不护肤、不化妆，这种心态不可取。因为美容虽然也会考虑别人的眼光，但其根本是为了自己。

请大家务必谨记。

另外，我认为作为好女人的其中一个条件，就是“不会在内衣上将就”。虽然周围的人不知道你穿了怎样的内衣，但如果你穿上了自己心仪的内衣，心情就会变好。如果你抱着“反正别人也看不见”的心态，随便找件内衣凑合，一旦形成习惯，体型也会变成适合这件随意的内衣的样子，是不是很可怕？

每次穿上新的内衣，都会有说不出的喜悦。请大家也要享受这种看不见的时尚。因为这件事也会提升自己的魅力。

不要再说“反正已经一把年纪了”，无论到多少岁，都不要忘记让自己仪容整洁，要坚持做能够让自己心情变好的事。请大家不要被随着年龄增长汹涌而来的“反正”这个词所吞噬。

27

抗衰老不等于害怕变老

“抗衰老”这个词，已经渗透到我们生活的方方面面。这个词以及相应的思维模式最先开始于医疗行业。进入老龄化社会，人们的寿命变长后，这个词蕴含了为了延长健康寿命，有必要转变观念。即倡导就算是上了年纪，也要珍惜与年龄相应的健康状态。

“抗衰老”后来用在了美容领域，但意思发生了巨大变化，变成了“对抗年龄”的意思，对美的感觉也变成了“害怕变老”，我认为这确实存在很大问题。

活得年轻和看上去年轻是完全不同的。你若是因为觉得跟年轻时候不一样而纠结过往的时间，不觉得很乏味吗？

过了 40 岁，脸上出现皱纹是非常自然的事情，褐斑、白发也是，身体也会变得不太容易瘦下来。如果你对这些再自然不过的现象一一纠结，担心忧虑，那就会无穷无尽。

我会把嘴边像“八”字一样的法令纹[1]，称作“丰丽线”，意为丰满、美丽。法令纹往往被认为是衰老的特征，但它是微笑的时候就会出现的一种皱纹，并不完全是坏的皱纹。在此，我们来观察一下自己的法令纹吧。对着镜子，紧闭双唇，嘴角上扬做出微笑姿势。这时候左右两边的皱纹如果不同，那就说明面部稍有变形，一定要多加注意。这是咀嚼时的习惯显现在了面部。需要在吃饭的时候注意左右对称咀嚼。在吃饭过程中无意识地用单边牙齿咀嚼的人，也可以利用嚼口香糖等刻意地使用另一侧咀嚼。

皱纹也分好的皱纹和坏的皱纹。法令纹是好的皱

① 日语中的“法令纹（ほうれい線）”与作者提到的“丰丽线”读音一致。——译者注

纹；同样，在眼角出现的称作鱼尾纹的横向皱纹亦是如此，它是幸福的证据；而在眉间出现的川字纹会透出不幸，因此要避免。随着年龄增长，脸上出现皱纹在某种意义上是不可避免的，但出现的地方不同，给人留下的印象就会截然不同。既然这样，我们还是在脸上留下幸福的皱纹吧。

比起“抗衰老”这个词，**我更希望大家使用“高龄美（beauty aging）”这个词。这个词里包含着“珍视之前积累下的经验，追求与现在年龄相符的充实内心与健康身体”的期望**。例如，当自己脸上出现褐斑和皱纹时，因为觉得自己看上去老气而变得忧心忡忡，拼尽全力要把它们消除掉……你不觉得这样看上去一点都不从容吗？但如果你不这样想，而是把皱纹认定为人生的徽章，让这美丽的皱纹不断积累起来，这样的人生不是更丰富吗？

心不可以变老。如果精神健康，那皱纹也会变成一大吸引人的魅力，付诸行动就会让身体变得更加健康。

28 最容易被忽视又最容易暴露年龄的身体细节

我认为，**女性的身份表现在手指、脚趾、脚后跟、手肘、膝盖等这些末端或关节的地方**。

艾迪·墨菲主演的电影《美国之旅 2》中，有一段代表性的场景。艾迪与女性在床上的时候，他把丝绸床单挂在女性的脚后跟上，“嗖”的一下抽了下来。他是想通过这个方式来确认对方脚后跟是否粗糙，进而推算对方的身份。表面上是无足轻重的一个小片段，其中所蕴含的意义却让人大吃一惊。

身体护理，本来就很容易被我们放在面部护理之后，甚至不管不问。实际上身体特别容易变干，而且我们大部分时间都在空气干燥的空调房里，衣服也多是合成纤维面料，会对皮肤产生刺激，露在外面的皮肤越来越多，紫外线越来越强，皮肤也就很容易受到损伤。洗衣液中的表面活性剂也给皮肤带来了负担……相比过去，现在更有必要去细心护理皮肤。

我想应该有不少人的手肘、脚后跟、膝盖等部位因为干燥而变得粗糙不已，或是因为角质层堆积而变得硬邦邦、无光泽吧。另外，后背、肩部以及上臂后侧等自己很难看到的地方，也会有很多黑头和小疙瘩吧。

这些地方也是体现年龄的地方，所以请大家一定要好好保养。

在保养身体末端和关节的时候，可以使用含有磨砂膏成分的洗浴产品，也可以借用一些去角质的小工具。我推荐大家在平时洗澡的时候使用军用手套，既可以去除角质，又能洗净身体的各个部位，所以请务必尝试一下。

手和脚以及指甲都是别人能够看到的地方。这些地方最好请专业的人去帮忙护理。特别是脚，经常会起茧子，如果角质层太厚，自己动手往往效果有限。指甲也是，最好找美甲沙龙帮忙护理。虽然做不做美甲是个人的自由，但如果做了美甲，出现美甲层脱落就太不像样子了，所以要不断地检查并及时护理。我一般只涂封层胶，我非常看重其中的光泽感。

如果你能够注重末端的护理，那么作为女性你又得到了提升，千万不要偷工减料，请认真对待。

29

会照镜子，才会变美

女性总是会在自己包里藏着一面小镜子吧。补妆的时候，吃完饭检查牙齿有没有脏东西的时候，小镜子是非常重要的工具。

不会真的有女性出门不带小镜子吧？如果真的不带的话，那就相当于扔掉了女性的身份。从今天开始，就带一个能够检查自己面部的小镜子吧，小一些的也可以。**时常观察自己的脸，是变漂亮过程中不可缺少的一个习惯**。

但有一点要注意，如果你认为镜子里能够看到的世界就是一切，那就大错特错了。那是因为如果你不能正确观察的话，镜子也是会撒谎的。我们在看镜子的时候，会下意识地用易于观看的角度照镜子，也会自以为是地接受镜子里的自己。另外，只能从正面照也是镜子的一大陷阱。

我还想让大家用镜子确认自己五年前的样子：**把镜子高举，伸出下巴看上面的镜子。这时候镜子里照出的是你五年前的脸**。嘴角、眼角、法令纹等有皱纹的地方紧绷起来的话，就会看起来很年轻。记住这张脸，恢复到正常角度再照镜子，就能知道现在的脸和过去有什么地方不一样。

像这样，从各个不同的角度照镜子，就能发现需要护理的重点在哪里。镜不离手，对于美的意识会有很大的变化。

护理的时候也会照镜子。我会对镜子说："请帮我变漂亮吧，为此，请再多告诉我一些我的脸的问题。"

镜子就是自己的贴身伙伴。

另外，我还会对镜子说："今天选谁好呢？"

这里的"谁"，指的是帅哥。为了让自己变年轻，拥有恋爱的心动感觉非常重要。看着喜欢的人，自己会怦然心动，体内也会分泌大量的雌性激素。

过去我特别喜欢杉良太郎，还有冰川清志、羽生结弦、福山雅治，我每天都在和崇敬的人享受着"恋爱"。

30

不是青春一结束人生就枯萎，任何年龄都能变美

我的

美丽人生

我在 60 岁的时候，第一次出版了书籍。从那时开始，推广佐伯式美容法至今已近 20 年。经常会有人问我这样的问题：

“佐伯老师，为什么你过了 60 岁还能如此活跃？”

确实，60 岁这个年龄，在社会上来看已是初老，是老年的开端。所以大部分人都会在这个年龄退休。

但我能够在 60 岁获得成功，是因为我一直怀抱着梦想。而且是非常具体的梦想。

不管是谁，都想退休后悠闲地度过余生，我也是，和丈夫刚结婚那会儿，描绘过退休后的生活。后来出现了各种各样的变故，造就了现在的佐伯千津，但大家对我说的话，换个说法就是“能如此大显身手的人寥寥无几”。在我看来，这是一个问题。

“退休以后便是余生。”

这样真的没问题吗？现在大多数人都可以活到百岁，过了 60 岁，后面还有 40 年。**很多人在退休之前，为了孩子、为了家庭奋斗了几十年，而自己的事，就一拖再拖。所以，我觉得退休之后，有了大段的自由时间，能更好地活出自己。**

上班的时候一直没能发展的爱好，退休后尽情享受，还可以结交新的朋友；上班的时候想去而没能去的地方，退休后就去观光旅行。光是想想就会觉得兴奋不已，是吧？

并不是青春一结束，人生就枯萎。

美容亦是如此，也有与年龄相符的美。过了 60 岁，就会有年轻时所没有的美丽的皱纹与白发，这些都是吸引人的魅力所在。因此，不要封闭自己的可能性，一定要积极地让自己变得更美。

“最近，那位长辈变漂亮了呢！”“她充满活力，真了不起！”“我想上了年纪跟她一样”……

让我们成为被别人羡慕的长辈，即便到老也尽情享受老年的春天——“老春”这一美好的时期吧。

31

70岁的年龄，30岁的肌肤，你也可以

我为什么如此重视皮肤管理？如果我只是看到美容这一方面的皮肤的话，就不会像现在这么有耐心地向大家宣传。

就像我之前跟大家详细介绍的“皮脑同根”这个词一样，皮肤是身体的镜子，映照着自己活过的人生。因此，改善肌肤就能给人生带来巨大的影响。

肌肤改善了，心情就会变好；心情变好了，行动就会发生改变；行动改变了，人生就会发生变化。

肌肤状况不佳，不想被别

人看到，就可能窝在家里不出门，或是对自己非常不自信。反过来，如果肌肤状态不错，就会想出门、想见人，也会萌生想打扮得更时髦、更漂亮这样积极的心态。

我通过自身经历对此事深信不疑。上中学的时候迷上了奥黛丽·赫本，对晒黑晒伤深恶痛绝，开始进行肌肤护理，养出了没有雀斑的干净肌肤，开始喜欢上了美容的世界。丈夫去世的时候也是，肌肤“重获新生”后人生才发生了翻天覆地的变化。

皮肤的护理整顿，同样适用于人生。在皮肤护理的过程中，最重要的是全心全意、持之以恒，“坚持就是力量”，在整个人生中，这一条也相当重要。另外，为了让肌肤变得干净美丽，必须顾及全身。皮肤是人体外层最大的器官，肌肤变美变好实际上代表着身体健康，所以照顾皮肤的同时也是在保持健康。

如果我们把注意力集中在肌肤上，意识和行动也会相应发生巨大变化，所以请相信所有想法都是可以通过皮肤表现出来的。经常有人说我的皮肤像是三十几岁的皮肤。放弃，对皮肤而言也是毒药，所以不能放弃让自己皮肤变美的想法。放弃是最大的敌人。

大家在每天早上照镜子的时候，**不要光看自己皮肤状态怎样，还要检查皮肤状态背后隐藏的身体状态和心理状态**。皮肤状态每日都会发生变化。如果人生过得很好的话，皮肤也会变得富有活力、光彩熠熠。

如果你现在的皮肤状态不理想，也没有关系，因为皮肤在不断新陈代谢，时时焕然一新。

人生不论到多少岁，都可以从头再来，更何况皮肤？为了能做自己想做的事情，不论从多少岁开始都来得及，皮肤护理也是如此。

请大家务必相信自己皮肤的可能性，悉心地进行护理。这会进一步促进人生的改变。所以，请不要放弃，坚持努力。

32

像让小孩爱上音乐一样，让别人喜欢上你

我在迪奥工作的时候，长年从事培养“美丽艺术家”的工作。退休之后，为了能把佐伯式美容法推广到全世界、传承给后世，就把自己的技术教给了很多弟子。在演讲会、书籍还有电视上发表与美容相关言论的时候，也是站在言传身教的立场上。

虽然没有养育自己的孩子，但是像这样通过美容来影响别人也是一种成长和双向教育。我认为，教育并不是自上而下把知识和技术强加给对方。**想要影响对方、培养对方，自己也必须不断成长。总之，无论是教的一方，还是学的一方，都必须**

共同学习，实现“共育”。

就抚养孩子而言，随着孩子的成长，作为养育孩子一方的父母也需要成长。这在美容的工作上也是一样的。例如，为了让顾客变漂亮，深入了解顾客的情况非常重要。美容咨询和护理也是只有认真听取了顾客的烦恼和期望之后，才能帮助顾客做好皮肤保养，顾客与护理师共同完成护理工作。

在这个世界上，站在教的立场上的人，多缺乏“共育意识”，这是我所担心的。正是因为缺乏“共育意识”，所以“与上司合不来”或者“下属不听话”这种人际关系的烦恼才越来越多。因此，有必要思考一下当你要教给别人什么的时候，自己有没有作为“共育者”不断成长。

另外，自己的老师，不限于父母、学校的老师以及职场的上司，特别是自己还是个孩子的时候，周围很多人都是自己的老师。我小时候不光从家人那里学东西，还受教于很多人。获得的不是单纯的知识，还有生存方式。当我在外面玩到很晚的时候，邻居家的老爷爷会提醒我“已经很晚了，赶紧回家！”又因为跟祖父母一起生活，我从他们那里学到了很多生活方面的智慧。当时我还非常喜欢一边看着祖母准备晚饭的背影，一边问她关于做饭、应季食材的各种各样的问题。

再往前推，更久以前，寺院就是学校。孩子们不光在里面学习读书写字，在平日里还会听人讲经，学习世间道理。每个孩子几乎都是当地所有大人共同培育起来的。

而现在都是小家庭，邻里之间的关系也淡薄了很多。因此，所有养育的负担就集中在了父母身上。父母工作忙碌，家里的孩子还不听话，这时候父母就会变得焦躁不安，忍不住训斥孩子。但如果只是不分青红皂白地责骂，孩子也不能理解，所以这种情况还会反复发生……这样的结果真是令人遗憾。

如果周围的大人也能够有意识地与孩子们一起参与“共育”就好了。钢琴家辻井伸行的母亲发现，每次播放莫扎特的音乐的时候，小伸行都会用脚打着拍子，看到这一景象，在伸行四岁的时候母亲就送给了他一架钢琴。

激发出对方潜在才能，是教育的起点。这对养育孩子、在工作中培育人才都非常重要。

这样一来，自己培养了别人，并且自己也成长了。一箭双雕，岂不美哉？

33

死亡不是消失，是去见想见的人

我的

美丽人生

我之前的血液检查都一切正常，从未生过任何大病，谁能想象如此健康的我竟然患上了 ALS。

即便如此，我仍旧没有放弃，继续奋斗在工作一线，下定决心保持自己的劲头，直至生命的尽头。

丈夫去世时，我曾哭天抢地地哀号自己也要死掉了。但我又从那里重新站起来，有了今天。

我之所以能够坚持努力，是因为我有义务向远在天堂的丈夫汇报。汇报的内容非常多：我希望丈夫能够认可我现在的工作是对社会有贡献的优秀工作，为从事这份工作的我感到骄傲；工作到退休，这也是跟我丈夫的一项约定。正是我心里记着丈夫说过的话，想着与丈夫做过的约定，所以才能努力至今。

下次再见到丈夫，我要把我的一生全部讲给他听，一个人生活过来、上电视、出名，到千千万万的人都知道我的名字等等。我非常爱戴的奥黛丽·赫本也在那里，**死亡对于我来说，并不是自己就此销声匿迹，而是去见自己喜欢的人**。

丈夫的葬礼按照神道教的“神葬祭”举行，这是佐伯家的惯例。丈夫生前说过自己的葬礼不用铺张，简单朴素就可以了，但是因为是佐伯家的长子，这肯定不被允许，对于在净土真宗的环境下长大的我来说，葬礼多少有些不适应。

我也和丈夫一样，总是会告诉周围的人我想要极其朴素的葬礼。话虽如此，但也不要太单调，太阴沉。我想要一个非常简单的祭坛，在我的照片周围装饰上卡萨布兰卡、紫阳花、麝香连理草等我喜欢的花。我不需要奠仪。如果大家因为思念我而给我送花，我就心满意足了。还有，请把我的遗骨和我丈夫的遗骨合在一起。我最后的梦想便是和他在一起。

我在不久前做了“临终准备”。这与其说是为了自己，不如说是为了在世的人。我身边有很多为了推广佐伯式护肤法而辛勤工作的工作人员。把工作让给后生，即使我不在了，佐伯式护肤法也能继续下去。设身处地为客人着想也是我的使命。我给工作人员传达了财产该留给谁，以及临终时的措施等，也给他们写了花和遗骨怎么处理。

人，为聚而离，为死而生。因此，我要竭尽全力走完这一生。

History of Chizu Saeki

佐伯千津生平大事记

想让全世界的人变美丽——佐伯千津矢志不渝地坚持着自己的初心。以下是她的一生。

1943年

6月23日出生于中国长春。

1945年

“二战”结束前，回到日本。在父亲老家(日本大分县)居住一段时间后，4岁开始与母亲和弟弟在滋贺县的亲戚家度过幼年。

▼父亲活得逍遥自在，母亲也是不管孩子只顾自己的类型，所以父母二人都经常不在家，千津由祖父母抚养长大。

1956年

被奥黛丽·赫本的美震撼。

▼初中一年级的时候，翻看母亲喜欢的电影杂志时看到了奥黛丽·赫本，被其美貌震撼。为了变得像赫本一样，开始为去除雀斑、获得白净肌肤而努力。

少女时代的千津美容意识觉醒的瞬间！

1958年

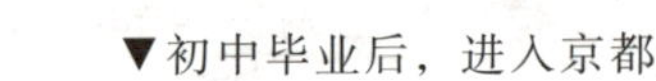
进入京都成安女子高中。

▼初中毕业后，进入京都的成安女子高中服装科。与母亲一起在外寄宿，一边为了筹措学费而去伯母经营的京都料理店打工，一边上学。店里的女招待员通过化妆和着装，由平平无奇变成光彩夺目的女性，这让千津感受到了美容的力量。就这样度过了高中时代。

1961年

8月进入千代田光学精工株式会社(现在的美能达公司)。

▼虽然一心想从过去的环境中解脱出来，进入东京的大学上学，但遭到周围人反对后继而放弃。经由伯母的介绍，从事电话接线员的工作，逐渐对此工作产生兴趣。

1962年

成为佳丽宝丽人学院大阪分校的第一批学员。

▼学习了作为一名女性基本的仪表仪态，如化妆、盘发、走路姿势、餐桌礼仪、谈吐等。千津在上学的过程中，体会到自身的变化，开始考虑要从事让人变美丽的工作。

从佳丽宝丽人学院毕业。

▼仍旧不能割舍去东京的梦想，于是找了当时被称为“美容界第一人”的仪态学院的讲师芝山见与加商量，请求芝山老师给牛山喜久子老师写了一封介绍信，希望介绍去牛山美容文化学园，下定决心去东京。后来，在公司内认识了后来的丈夫佐伯有教先生。

1963年

实现了去东京的梦想，顺利进入了牛山美容文化学园。

迈向美容人生的第一步，与丈夫命中注定的相遇。

1964年

取得美容师资格证，开始在牛山老师的美容会所供职。

▼用一年半的时间完成了在牛山美容文化学园的学习，取得了美容师资格证。在毕业考试中挑战了洗发，并获得第一名，被牛山老师的美容会所录用。在会所实习期间，因一次偶然机会进行的手部按摩受到夸赞，从那以后开始负责手部按摩和面部护理。

佐伯式
美容法的基础
诞生了！

进入娇兰。

▼进入娇兰公司工作。接触了法国的美容文化，形成了不过度洁面、化妆水面膜法等佐伯式美容法基础。

其间两次流产。

▼得知自己的体质生小孩风险比较高，决定不再要孩子。

结束海外任职，回到日本。

1967年

与佐伯有教先生结婚。

▼10月接受了佐伯有教的求婚，与其结婚。因为要从东京回到大阪，所以辞掉了牛山先生美容会所的工作，回到了大阪。

1971年

有教先生调往海外，与有教先生一起移居美国旧金山。

▼暂时离开娇兰的工作，夫妻二人移居海外。肤色、头发各异的人种，都认同自己的个性，生活充满了活力。这给千津带来很大冲击，从那以后千津就不再去染之前一直烦恼的白发。

从此开始拥有
标志性的紫色
头发！

1973年

1975年

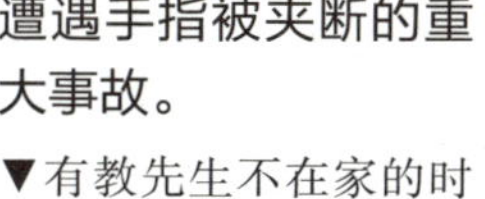

遭遇手指被夹断的重大事故。

▼有教先生不在家的时候，千津遭遇了手指被夹断的重大事故，虽然手术很成功，但留下了手指经常麻痹的后遗症。

1983年

决定在雅芳就职。

▼被外资化妆品企业雅芳挖掘，通过了雅芳长达半年的考试，确定了在东京担任首任美容部长的职位。有教先生也前往东京赴任，夫妻俩确定了搬往东京的计划。

1984年

有教先生被查出肺癌。

▼有教先生被发现患上肺癌，医生告知还有三个月的寿命。当时千津41岁，有教先生51岁。夫妻双方放弃了搬往东京的计划，千津拒绝了雅芳的工作，并辞掉了娇兰的工作，全身心照顾丈夫。

1985年

5月1日，佐伯有教去世，享年52岁。

▼有教先生留下的最后一句话是在抽血的时候发的一句牢骚：“小千，明明这么痛，今天为什么从早上就这么多检查？”这是在被医生宣告生命还剩三个月之后，又过了一年半的时候。

1986年

有教先生去世一周年的时候，千津突然对自己变得不堪入目的皮肤感到愕然。

▼有教先生一周年忌日结束的时候，因为悲伤而无法顾及自己，肌肤变得粗糙不堪，这件事被朋友指出。为了丈夫而一心决定重新恢复美丽肌肤。

经过不懈努力，每日护理，三个月之后皮肤重获新生。

1988年

入职迪奥，从大阪迁往东京。

▼经由在娇兰任职时的同事介绍，进入迪奥工作，担任国际培训经理一职，由大阪迁入东京。站在指导全国美容部门员工的立场上，针对性地制作手册，进行训练。

1991年

第一次人事调动。

▼完成刚加入迪奥时设定的目标。其后，遭遇等同于降职的人事调动。被从培训经理的职位上撤下来，调任没有一位下属的香氛特派专员。在全日本的商场内，进行香水及新产品的宣传，负责营销人员的现场指导。

1994年

第二次人事调动。

▼就任丸之内帝国酒店迪奥旗舰店的直营时装店美容会所经理。但后来计划有变，旗舰店被废止，只剩自己一个人担任美容会所经理。

第三次人事调动。

▼在帝国酒店旗舰店内部装修时，总公司决定撤销美容会所。这时候上司用劝退的语气说："你不愿意的话就去别的地方也无所谓。"但千津并没有接受这句话，而是在全国设有迪奥专柜的百货商场里租借了免费的小单间，开办限定人数的特别美容咨询课，为顾客提供与帝国酒店同样的护理，经常在全国各地飞来飞去直至退休。

佐伯千津，开启第二人生！

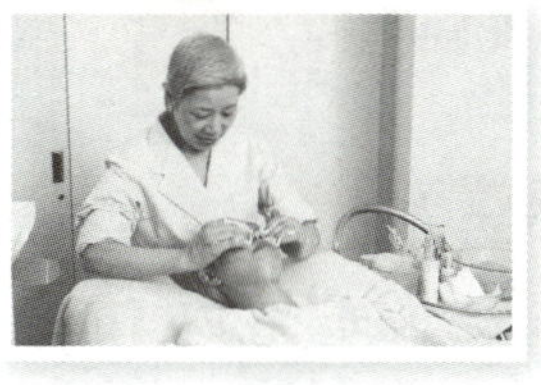

6月，佐伯在迪奥工作满15年后，于60岁正式退休。

她把自家房子的其中一间进行了改造，开设了名为"Salon dore ma beaute"的美容沙龙。

1995年

从降职开始经营美容会所。会所中所有的事务都由千津一手操持，受到顾客的好评，第一年取得了超越目标的巨大成绩。

2001年

2002年

决心要把之前积累的经验和美容理论整理成书进行出版。

2003年

7月，出版发行了第一本美容书籍《不要过分依赖化妆品》(讲谈社)。

▼以佐伯式化妆水面膜为代表的佐伯式美容法一下子在世间广为流传，在同类书中成为史无前例的大卖超过10万册的热门书籍。

佐伯式美容法在日本广为流传。

11月，出版发行了《佐伯千津的护理法和化妆入门》(讲谈社)。

2004年

3 月，出版发行了《佐伯千津的手掌护理》(DVD 版，讲谈社)。

9 月，出版发行了《佐伯千津肌肤护理法》(讲谈社)。

10 月，在东京代代木完成综合美容设施“Beauty Tower”，除了开设美容沙龙，同时培养年轻学员，传承佐伯千津的美容理论。

开设“佐伯式美肌私塾慈善学校”。

2005年

3 月，出版发行了《美肌饮食》(讲谈社)。

4 月，创立 Chizu-Corporation (千津公司)。

7 月，出版发行了《佐伯千津光艳化妆方法》(讲谈社)。

10 月，出版发行了《美肌手贴》(讲谈社)。

11 月，出版发行了《美肌塾》(讲谈社)、《皮肤保养圣经：新“美肤教科书”》(日经 BP 社)。

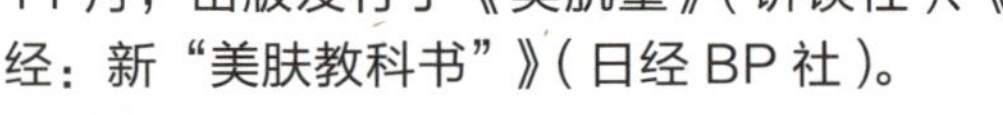

2006年

1 月，再版发行了《不要过分依赖化妆品》(讲谈社)。

2 月，出版发行了《35 岁开始的美肌咨询》(大和书房)。

4 月，开设专门销售化妆棉的公司，该化妆棉在佐伯式美容法的化妆水面膜中不可或缺。

开始了佐伯式美容护肤的传承

出版发行了《美肌花道》(讲谈社)。

5月，出版发行了《25岁开始练的美容咨询》(大和书房)。

8月，出版发行了《祈愿就会实现》(讲谈社)、《45岁开始的美容咨询》(大和书房)。

11月，出版发行了《能让人变美的邮购》(讲谈社)、《55岁开始的美容咨询》(大和书房)。

2007年

1月，与大型娱乐事务所AMUSE签订业务委托合同。

2月，出版发行了《佐伯千津的诊疗日记1：粉刺、痤疮、毛孔》(大和书房)。

4月，出版发行了《美肌3天发生改变——佐伯式肌肤养护》(讲谈社)、《佐伯千津的诊疗日记2：皮肤泛红、紫外线色斑、盐分过度摄取》(大和书房)。

5月，出版发行了《追梦法则》(大和书房)、《佐伯千津美容法打造知性肌肤——护肤和化妆的基本》(讲谈社)。

2007年

9月，出版发行了《新美肌革命》（讲谈社）、《佐伯千津的诊疗日记3：褐斑、皱纹、抽烟的危害》（大和书房）。

11月，出版发行了《佐伯千津的诊疗日记4：皮肤干燥、松弛、老化》（大和书房）。

2008年

2月，出版发行了《20岁开始的美肌节食方案》（大和书房）。

4月，把“Salon dore ma beaute”和慈善学校开在了银座。在同一座大楼上还开设了健身房。

出版发行了《一天只要3分钟！佐伯千津绝对美丽之告别粉刺、毛孔烦恼》（大和书房）。

5月，出版发行了《30岁开始的美肌节食方案》（大和书房）。

6月，出版发行了《佐伯千津美的生活革命——简单美丽的100个智慧》（大和书房）。

7月，出版发行了《佐伯千津的美肌圣经》（日经BP社）。

2009年

8月，出版发行了《佐伯千津美的教养》（世界文化社）。

2010年

2月，出版发行了《美肌的做法》（DVD版）。

2010年

3月，出版发行了《佐伯千津式终极皮肤诊断》（世界文化社）。

4月，出版发行了《佐伯千津的人生路程》（日本广播出版协会）。

8月，出版发行了《佐伯千津日本传统美人之书》（东京书籍）。

2011年

3 月，出版发行了《完整版佐伯千津美肌圣经》（讲谈社）。

7 月，出版发行了《佐伯千津的美颜私塾——让你的肌肤焕然一新》（Magazine House）。

12 月，出版发行了《佐伯千津完全美肌私塾》（日经 BP 社）。

2012年

被聘任为成安造型大学的客座教授。

▼千津的母校京都成安女子高中（现为京都产业大学附属高中）的联合大学成安造型大学，聘请千津为客座教授。

11 月，出版发行了《女性人生从 45 岁开始——佐伯千津的幸福论》（讲谈社）。

2013年

6 月，出版发行了《佐伯千津美的艺术——肌肤、人生、事业相关的 129 节课》（讲谈社）。

9 月，与兵库县住宅公司“Labo 居住空间设计”共同提出了以“用五感治愈之住所”为题的美容与建筑提案。

为 3·11 日本大地震受灾地区提供专场护理指导。

2014年

2015年

6 月，出版发行了《今天的我最美——佐伯式人生临终准备》(幻冬舍)。

7 月，银座沙龙撤店，移至品川。

2016年

开始与寝具制造商爱维福（Air Weave）及枕头专卖店 LOFTY 共同开发睡枕。

5 月，出版发行了《佐伯千津式“完全美肌圣经”——一针见血回答 123 个肌肤问题》(讲谈社)。

8 月，开始销售沙龙专用化妆品“Chizu Angels（美容液）”。

▼佐伯千津首款沙龙专用化妆品，能够有效卸妆、去除污垢，用化妆水护肤，打造美肤基础，是一款可以实践佐伯式美容法的产品。不添加酒精。

开发生产“佐伯式多功能化妆棉”。

▼这是在化妆水面膜中不可或缺的化妆棉。多年来佐伯千津一直很喜欢使用，与屈指可数的化妆棉专业制造商合作完成。

2017年

在NHK(日本放送协会)进行包含化妆水面膜在内的护肤指导。

11月,出版发行了《不要认输——女性每次振作都会更美丽》(讲谈社)。

2019年

4月,出版发行了《看漫画就能懂的美肌革命》(宝岛社)。

2020年

3月,对外公开自己罹患了ALS,并发表了自己绝不服输,一面与病魔做斗争,一面坚持积极投入工作的意愿。

我不会输的!

6月5日,佐伯千津去世,享年76岁。